毎日小学生新聞★編＋
森 達也★著

「僕のお父さんは東電の社員です」

小中学生たちの白熱議論！
3・11と働くことの意味

現代書館

〈ゆうだい君《くん》の手紙《てがみ》〉

僕《ぼく》のお父《とう》さんは東電《とうでん》の社員《しゃいん》です

突然《とつぜん》ですが、僕《ぼく》のお父《とう》さんは東電《とうでん》の社員《しゃいん》です。

3月27日の日曜日《にちようび》の毎日小学生新聞《まいにちしょうがくせいしんぶん》の1面《めん》に、「東電は人々《ひとびと》のことを考《かんが》えているか」という見出《みだ》しがありました。(元毎日新聞論説委員《もとまいにちしんぶんろんせついいん》の)北村龍行《きたむらりゅうこう》さんの「NEWSの窓《まど》」です。読《よ》んでみて、無責任《むせきにん》だ、と思《おも》いました。

みなさんの中《なか》には、「言《い》っている通《とお》りじゃないか。どこが無責任だ」と思う人はいると思います。

たしかに、ほとんどは真実《しんじつ》です。ですが、最後《さいご》の方《ほう》に、「危険《きけん》もある原子力発《げんしりょくはつ》電《でん》や、生活《せいかつ》に欠《か》かせない電気《でんき》の供給《きょうきゅう》をまかせていたことが、本当《ほんとう》はとても危険なことだったのかもしれない」と書《か》いてありました。そこが、無責任なのです。では、原子力発電所《げんしりょくはつでんしょ》を造《つく》ったのは誰《だれ》でしょうか。もちろん、東京電力《とうきょうでんりょく》です。では、原子力発電所を造るきっかけをつくったのは誰でしょう。それは、日本人《にっぽんじん》、いや、世界中《せかいじゅう》の人々《ひとびと》です。その中には、僕も、あなたも、北村龍行さんも入《はい》っています。

なぜ、そう言えるのかというと、こう考《かんが》えたからです。発電所を増《ふ》やさなければならないのは、日本人が、夜遅《よるおそ》くまでスーパーを開《あ》けたり、ゲームをしたり、無駄《むだ》に電気を使《つか》ったからです。

さらに、発電所の中でも、原子力発電所を造らなければならなかったのは、地《ち》球温暖化《きゅうおんだんか》を防《ふせ》ぐためです。火力《かりょく》では二酸化炭素《にさんかたんそ》がでます。水力《すいりょく》では、ダムを造らなければならず、村《むら》が沈《しず》んだりします。その点《てん》、原子力なら燃料《ねんりょう》も安定《あんてい》して手《て》に入《はい》るし、二酸化炭素もでません。そこで、原子力発電所《げんしりょくはつでんしょ》を造《つく》ったわけですが、その地球温暖化を進《すす》めたのは世界中の人々《ひとびと》です。

そう考《かんが》えていくと、原子力発電所を造ったのは、東電《とうでん》も含《ふく》み、みんなであると言え、また、あの記事《きじ》が無責任であるとも言えます。さらに、あの記事だけでなく、みんなも無責任であるのです。

僕は、東電を過保護《かほご》しすぎるかもしれません。なので、こういう事態《じたい》こそ、みんなで話《はな》し合《あ》ってきめるべきなのです。そうすれば、なにかいい案《あん》が生《う》まれてくるはずです。

あえてもう一度書《いちどか》きます。ぼくは、みんなで話し合うことが大切《たいせつ》だ、と言いたいのです。そして、みんなでこの津波《つなみ》を乗《の》りこえていきましょう。

（小学六年生）

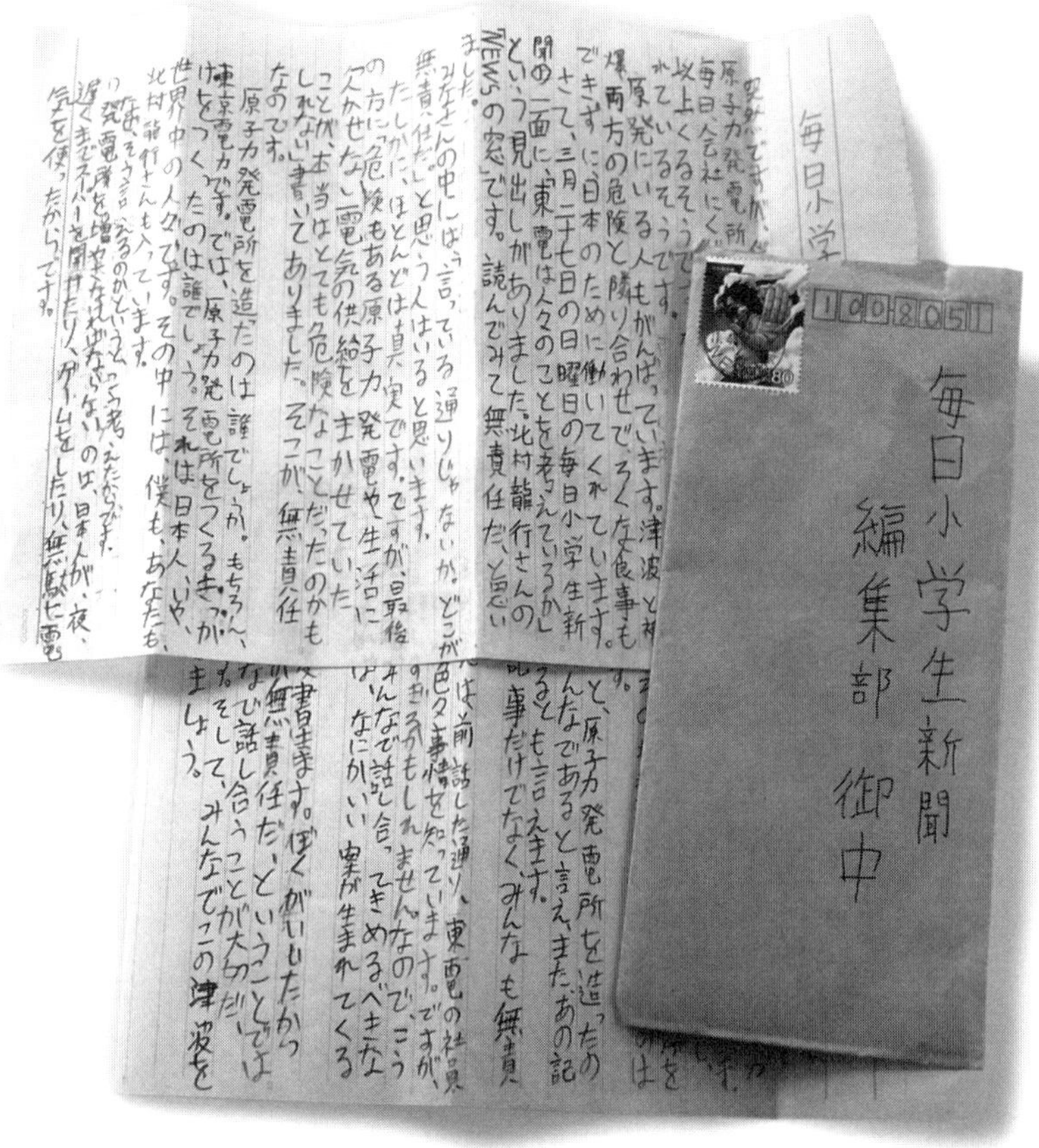
原発にいる人もがんばっています。津波と被
爆両方の危険と隣り合わせで、ろくな食事も
できずに日本のために働いてくれています。
さて、三月二十七日の日曜日の毎日小学生新
聞の一面に、「東電は人々のことを考えているか」
という見出しがありました。北村龍行さんの
『NEWSの窓』です。読んでみて無責任だ、と思い
ました。
みなさんの中には「言っている通りじゃないか。どこが
無責任だ」と思う人はいると思います。
たしかに、ほとんどは真実です。ですが、最後
の方に「危険もある原子力発電や生活に
欠かせない電気の供給を任せていた
ことが、本当はとても危険なことだったのかも
しれない」と書いてありました。そこが、無責任
なのです。
原子力発電所を造ったのは誰でしょうか。もちろん、
東京電力です。では、原子力発電所をつくるきっかけ
をつくったのは誰でしょう。それは日本人、いや、
世界中の人々です。その中には、僕も、あなたも、
北村龍行さんも入っています。
なぜ、そう言えるのかというと、
発電所を増やさなければならないのは、日本人が、夜、
遅くまでスーパーを開けたり、ゲームをしたり、無駄な電
気を使ったからです。

毎日小学生新聞
編集部　御中

ゆうだい君から届いた手紙

「僕《ぼく》のお父《とう》さんは東電《とうでん》の社員《しゃいん》です」……………目次《もくじ》

装画　ふなびきかずこ
挿画　森 有生
ブックデザイン　伊藤滋章

東《とう》電《でん》は人《ひと》々《びと》のことを考《かんが》えているか

北村龍行《きたむらりゅうこう》（経済《けいざい》ジャーナリスト　元毎日新聞記者《もとまいにちしんぶんきしゃ》・論説委員《ろんせついいん》）

東京電力《とうきょうでんりょく》というひとつの会社《かいしゃ》が、日本《にっぽん》で暮《く》らす人々の生活《せいかつ》や、日本の経済《けいざい》を危《あぶ》なくしている。

大《おお》きな会社が、危険《きけん》にあうことはある。２００８年のリーマンショックの後《あと》、アメリカの自動車会社《じどうしゃがいしゃ》のゼネラル・モーターズ（ＧＭ）は倒産《とうさん》して、国《くに》の会社になった。日本のトヨタ自動車も赤字《あかじ》になった。日本航空《にほんこうくう》は、今《いま》も会社を立て直《なお》せるかどうかわからない。

その結果《けっか》、日本や世界《せかい》の景気《けいき》が悪《わる》くなって、仕事《しごと》がなくなった人が増《ふ》えた。しかし、それで人々が学校《がっこう》や会社《かいしゃ》に通《かよ》えなくなったり、放射能《ほうしゃのう》がもれて、もうこの場所では暮《く》らせなくなるのではないかという恐《おそ》ろしさを感《かん》じさせることは、なかった。

いま、たくさんの人々が、東京電力《とうきょうでんりょく》福島第1《ふくしまだいいち》原子力発電所《げんしりょくはつでんしょ》から放射能がもれる心配《しんぱい》があるからと、自宅《じたく》をはなれて不便《ふべん》に暮らしている。その外側《そとがわ》にいる人々も、最悪《さいあく》の事態《じたい》を恐れている。

また、東京電力が3月14日から地域《ちいき》を分《わ》けて順番《じゅんばん》に停電《ていでん》することにしたので、関東地方《かんとうちほう》の鉄道会社《てつどうがいしゃ》はあわてて電車《でんしゃ》のダイヤを組《く》み替《か》えた。15日には、電車が止《と》まったので会社に行けない人がたくさんいた。

それなのに東京電力は、その後《ご》も計画停電《けいかくていでん》の内容《ないよう》を変《か》えたり、福島第1原子力発電所の事故《じこ》をおさめることに失敗《しっぱい》し続けている。

東京電力は、たった1社で関東地方を中心にした地域《ちいき》に電気《でんき》を供給《きょうきゅう》している。地域独占《ちいきどくせん》で、競争《きょうそう》がない。

鉄道会社のようにお客《きゃく》さんの命《いのち》を預《あず》かっているわけでもないし、お客さんから直接《ちょくせつ》、文句《もんく》を言《い》われることもない。経営《けいえい》は安定《あんてい》している。そのためか、危険《きけん》が生《う》まれた時《とき》に、どうすればいいのかという訓練《くんれん》を受《う》けていない。

そんな会社に、危険もある原子力発電や、生活《せいかつ》に欠《か》かせない電気の供給をまかせていたことが、本当《ほんとう》はとても危険《きけん》なことだったのかもしれない。


毎日小学生新聞《まいにちしょうがくせいしんぶん》「ニュースの窓《まど》」二〇一一年三月二十七日

ゆうだい君《くん》への手《て》紙《がみ》

小《しょう》学《がく》生《せい》からの手《て》紙《がみ》

ゆうだいくんへ
ぼくも一ばんは東電《とうでん》のせいだとおもうけど、やっぱりみんなのせいだよね。だけどだからと言《い》って火力《かりょく》じゃ、ちきゅうおんだんかになるよね。でも水力だとダムで村《むら》がしずんだりするよね。だけど、風力《ふうりょく》だとうるさいよね。ならどうすればいいのかというよね。ぼくは少《すこ》しでもみんなで、でんきの、いらないくらしをかんがえていきたいとおもいます。

高橋優輝（小学二年生）

今《いま》ひさいしゃの人《ひと》の気《き》もちもかんがえてほしい。
でも学校《がっこう》などで「あのじこおこしたげんしりょくはつでんしょではたらいていたお父《とう》さんの子《こ》どもやでー」とか言《い》っている人がいたらゆるせない。

梅原龍万（小学二年生）

わたしはゆうだい君《くん》の「みんなで考《かんが》える」という意見《いけん》にはさん成《せい》です。その理《り》由《ゆう》は、日《ひ》ごろからみんなで話《はな》し合《あ》っておけば、さいがいが起《お》きてもその対《たい》さくを実行《じっこう》すればいいからです。しかし、みんながみんな同《おな》じせき任《にん》ではないと思《おも》います。その理由は、東電《とうでん》は対さくを怠《おこた》ってきたのが悪《わる》いと思うし、今回《こんかい》のような事《じ》故《こ》をなくすには事故が起きた場合《ばあい》の対さくを考《かんが》えた方《ほう》がいいと思います。

この問題《もんだい》を解決《かいけつ》するには、原子力《げんしりょく》はきけんな所《ところ》もあるから、事故が起きた場合の解けつさくを考えておきましょう。

私《わたし》たちにできる事《こと》を精一《せいいっ》ぱいやりましょう。東電だけでなく、私たち電気《でんき》をつかうがわも努力《どりょく》しなければいけないと思います。

たとえば…。

◯せつ電《でん》など（せつ電だけなのはこの言葉《ことば》にぜんぶのことがしゅうやくされている

からです。）

匿名（小学三年生）

ゆうだい君《くん》への手紙《てがみ》

ぼくは、日本人《にっぽんじん》みんなが電気《でんき》を使《つか》いすぎで、火力《かりょく》・水力《すいりょく》・風力発電《ふうりょくはつでん》などだけでは、電気が足《た》りないから、原子力発電所《げんしりょくはつでんしょ》をつくったと思《おも》います。

だから、せきにんをとるのは、東京電力《とうきょうでんりょく》のみなさんだけではなく、日本全国《にほんぜんこく》のみんながせきにんをとらなければならないと思いました。

これから、ぼくがせつ電《でん》のためにやりたいことは、むだに電気を使わない。たとえば、使っていない電化《でんか》せい品《ひん》のコンセントをぬくなど協力《きょうりょく》していきたいと思いました。

若林晃行（小学四年生）

ゆうだい君《くん》へ

ぼくも、ゆうだい君の意見《いけん》にさん成《せい》です。
なぜなら文句《もんく》をいっている人《ひと》もたくさん電気《でんき》を使《つか》っているからです。
生《い》きていて電気を使わない人なんていませんよね。
それは、自分《じぶん》のことをたなに上《あ》げ、他人《たにん》のことをひなんすることと同《おな》じです。
そういう人は、このような地震《じしん》が起《お》きても何《なに》もできない人だと思《おも》います。
みなさんも原子力発電《げんしりょくはつでん》にたよっているのではないでしょうか。
ぼくが出来《でき》ることは、節電《せつでん》や節水《せっすい》など自分の身近《みじか》なとこで、今《いま》、できることを
がんばり、これからの日本《にほん》の平和《へいわ》を考《かんが》えていきたいと思います。

安武進太郎（小学四年生）

発電所《はつでんしょ》を作《つく》ったのは私《わたし》たち。
ゆうだい君《くん》の言《い》う通《とお》り、発電所を作ったのは私たちだと思《おも》います。テレビで見《み》

たのですが、いま、日本《にほん》の人々《ひとびと》が「東京電力《とうきょうでんりょく》のことをおこっている」と言うニュースを見ました。そう言う人たちは自分《じぶん》たちが発電所を作ったという事《こと》を知《し》らないのかもしれません。でも、もしかしたら発電所を作るのに反対《はんたい》していた人もいるかもしれないと思いましたが、多《おお》くの日本いや世界《せかい》の人がはんせいしたんです。すこしはそう言う事も考《かんが》えてほしい、と思いました。そして、東京電力をせめないで、みんなで電気《でんき》にたよらない生活《せいかつ》をしたらいいと思います。

……………**太田裕菜**（小学四年生）

ゆうだい君《くん》のお父《とう》さんは、とても危険《きけん》で大変《たいへん》な仕事《しごと》をしていると思《おも》います。いつもテレビでは、広報担当《こうほうたんとう》の人《ひと》が報告《ほうこく》だけを伝《つた》えていますが、現場《げんば》で働《はたら》いている人は、どんな気持《きも》ちでいるのか、それを考《かんが》えると私《わたし》は、とてもつらいです。日本《にほん》にまさかこれほどまで、大《おお》きな地震《じしん》、津波《つなみ》が来《く》るとは、思わなかったのでしょうか。原発事故以来《げんぱつじこいらい》、私達福島県民《わたしたちふくしまけんみん》は、毎日放射能《まいにちほうしゃのう》に対《たい》して、敏感《びんかん》になっています。外《そと》に出《で》る時《とき》は、肌《はだ》を出《だ》さないようにし、マスクや帽子《ぼうし》を着用《ちゃくよう》で生活《せいかつ》しています。

原子力発電所《げんしりょくはつでんしょ》を造《つく》る計画《けいかく》をしている時から、そんな事故を予測《よそく》していなかったのか。そんなはずなかったと思います。自然《しぜん》による、災害《さいがい》をおおげさすぎる位《くらい》に考え政府《せいふ》や東京電力《とうきょうでんりょく》も日々《ひび》見直《みなお》しをしていかなければならなかったと思います。

福島原子力発電所がなくなれば、東京電力を使《つか》う人やそこで働《はたら》く人は、これから先節電《さきせつでん》やいろいろな面《めん》で大変《たいへん》な思いをすることになります。

電力不足《ぶそく》が夏《なつ》に向《む》けて、大きくさわがれていますが、私達《わたしたち》は、電気《でんき》が無《な》くては生《い》きていけない位生活に密着《みっちゃく》しています。日本全体《ぜんたい》が、節電をしなければならない時は、一人一人《ひとりひとり》が協力《きょうりょく》してムダを無くさなければなりません。

スーパーに行《い》っても、照明《しょうめい》は半分《はんぶん》位で、時間《じかん》を短縮《たんしゅく》して営業《えいぎょう》している所《ところ》や、土《ど》日出勤《にちしゅつきん》して平日《へいじつ》に休《やす》む会社《かいしゃ》もあります。どれだけ私達の生活の中《なか》で電気が大切《たいせつ》かと言《い》うのが分《わ》かります。

原子力発電所での電気は他《た》の発電力《りょく》より、一番《いちばん》使われているので、なかなか無くすと言う事《こと》は、難《むずか》しいのではないのでしょうか。原子力は、大きなエネルギー源《げん》の一つだからです。

これからは、地震や津波への安全体策《あんぜんたいさく》をもっときびしい目《め》で考えていかなければならないと思います。

……………N・F（小学四年生）

僕《ぼく》は、行政《ぎょうせい》と東京《とうきょう》と政府《せいふ》が悪《わる》いと思《おも》います。なぜなら行政は、この福島《ふくしま》の浜通《はまどお》りの沿岸《えんがん》に原発《げんぱつ》を建《た》てて良《よ》いと許可《きょか》しました。けど、行政は原発が爆発《ばくはつ》した事《こと》を怒《おこ》っています。自分達《じぶんたち》が許可したのに怒ってどうするのと僕は思います。

また、政府は、今《いま》も非常事態《ひじょうじたい》なのに自分の事とか政治《せいじ》などの事しか考《かんが》えていません。しかも菅首相《かんしゅしょう》が〝やめる〟と言《い》ったのに菅首相は、

「一定《いってい》のメドがついたら辞任《じにん》します」

これを聞《き》いた議員《ぎいん》は「首相は当分《とうぶん》やめない」と激怒《げきど》して国会《こっかい》は大混乱《だいこんらん》になりました。そのせいで、県《けん》の人《ひと》は、あまりあてにしていません。

東京《とうきょう》は何《なに》が悪《わる》いと言うと、東京のテレビ局《きょく》がわざわざ現地《げんち》に出向《でむ》き、今《いま》、どのような事が起《お》こっているか、どのような状況《じょうきょう》なのか伝《つた》えているのに東京の人はどれだけ福島が大変《たいへん》な目《め》に合《あ》っているか分《わ》かっていません。しかも放射能《ほうしゃのう》の影響《えいきょう》で東京に避難《ひなん》した子《こ》がどこの出身《しゅっしん》かを答《こた》えただけでもいじめられています。また、第一《だいいち》原発が爆発《ばくはつ》をして、電力《でんりょく》が減《へ》りました。でも東京は一部分《いちぶぶん》の所《ところ》だけ節電《せつでん》をしているだけで、大部分《だい》はあまり節電をしていません。

今、僕達に出来《でき》る事は、ゆうだい君《くん》が言ったとおり皆《みんな》と話《はな》し合う事だと思います。そうすればきっと良《よ》い案《あん》が出ます。ただ一人《ひとり》で考えて自分なりの案ではなく、僕達で考えた案の方《ほう》がきっと大人《おとな》より良い案が生《う》まれます。

僕の考えではゆうだい君とちょっと似《に》ていて、世界《せかい》と繋《つな》がって皆とこの事を話し合って解決《かいけつ》する事です。その方法《ほうほう》はツイッターとほとんど同《おな》じでインターネットを使《つか》って世界と国際会議《こくさいかいぎ》をする方法です。そしてこの事を解決すれば良いと思います。

……………H・M（小学四年生）

ゆうだい君《くん》への手紙《てがみ》

私《わたし》は、ゆうだい君に悪《わる》いけど東電《とうでん》と関東《かんとう》と東北《とうほく》の人達《ひとたち》が悪いと思《おも》います。なぜなら、関東の人達は東北が作《つく》っている電気《でんき》を使《つか》っています。そして関東が使っている電気の原発《げんぱつ》が爆発《ばくはつ》し東北に放射能《ほうしゃのう》が飛《と》びちり東北の人達にふっていて、だからまた原発を作るなら関東においた方《ほう》が良《よ》いと思います。

また、関東は関東、東北は東北で原発を分《わ》けた方が良いと思います。なぜなら、今《いま》関東が使っている原発が爆発し東北に放射能が飛びちりました。だから、関東は関東、東北は東北と分けた方が良いと思います。でも、福島県《ふくしまけん》の行政《ぎょうせい》も爆発したのは原発を作る時《とき》にちゃんと爆発したらどうなるかとかあまり考《かんが》えていなかったと思うから、作る時ややる時はよく考えてから動《うご》くことが良いと思います。

また、放射能にはセシウムと言《い》う成分《せいぶん》が入《はい》っていてヒマワリにはセシウムをくっつける成分が入っているので、

「もう、ダメ。放射能で使えない。」

と言う畑《はたけ》にヒマワリの種《たね》を蒔《ま》いて花《はな》を咲《さ》かせて放射能を土《つち》から採《と》り出《だ》して放射能を減《へ》らすのも良いと思います。

そして、最後《さいご》に、こうやって爆発したのも東北の人達が原発を作る時によく考えてなかったのも悪いし関東が使っている原発なのに東北に置《お》いた関東も悪いと思いました。

次《つぎ》に、今私達が出来《でき》ること。その一、節電《せつでん》です。なぜだかというと、節電すると原発をあまり動かさなくても大丈夫《だいじょうぶ》だし、あとから使う電気もいっぱい使えるからです。その二、勉強《べんきょう》です。なぜだかと言うと勉強すると放射能のことを教《おし》えられるからです。その三、マスク、帽子着用《ぼうしちゃくよう》です。なぜだかと言うと安全《あんぜん》だし

病気《びょうき》になりにくいからです。

……………A・S（小学四年生）

私《わたし》は、ゆうだい君《くん》の「皆《みんな》が無責任《むせきにん》だと思《おも》う」という意見《いけん》に反対《はんたい》です。なぜなら、福島《ふくしま》に、原子力発電所《げんしりょくはつでんしょ》を置《お》いても良《よ》いと言《い》ったのは、福島県《けん》の行政《ぎょうせい》です。けれど、管理《かんり》をしているのは、福島県の行政ではありません。東京電力《とうきょうでんりょく》です。そう考《かんが》えると、悪《わる》いと思うのは、東京電力です。それに、原子力発電所の事故《じこ》のせいで、家《いえ》に帰《かえ》れない人達《ひとたち》もいます。東京電力の人達や政府《せいふ》の皆さんは、ちゃんと、毎日《まいにち》家に帰れています。それなのに、東京電力の人達が悪くはないという、ゆうだい君の意見は、おかしいと思います。だから私は、今《いま》の意見のように東京電力が悪いと考えます。

けれど、福島県の行政も、原発《げんぱつ》だの放射線《ほうしゃせん》だのと、もうなってしまったことは仕方《しかた》がないので、これから先《さき》の未来《みらい》をどうするかを考えた方《ほう》が良いと思います。

例《たと》えば、放射能《ほうしゃのう》をふせぐために、校庭《こうてい》や園庭《えんてい》の土《つち》をけずったり、避難《ひなん》している人達に支援物資《しえんぶっし》を送《おく》ったりなどです。あと、小《ち》さい子《こ》や、赤《あか》ちゃんにも出来《でき》るような、電気《でんき》を作《つく》れる方法《ほうほう》なども考えた方が良いと思います。例えば、赤ちゃんがふったら、音《おと》が出《で》て、それで遊《あそ》ぶという物《もの》ならば、それをふれば、ふるほど電気がたまる、という方法などです。赤ちゃんでも出来る方法なら、誰《だれ》だって出来ます。なので私は、悪いと思うのは、東京電力だと思うけど、福島県の行政も、今のことはもう、東京電力の人達にしかどうにも出来ないのだから、未来に向《む》かって、やれることはやれば良いと思います。これが私の意見です。

H・S（小学四年生）

私《わたし》はゆうだい君《くん》に失礼《しつれい》ですが東電《とうでん》が悪《わる》いと思《おも》います。なぜなら、建《た》てると決《き》めたのは政府《せいふ》ですが管理《かんり》しているのは東電だからです。又《また》、情報《じょうほう》が遅《おそ》いのも悪いと思います。例《たと》えば原子力発電《げんしりょくはつでん》が爆発《ばくはつ》したという事《こと》を何日《なんにち》かたってから伝《つた》えた事です。いくら爆発したからといっても一人《ひとり》くらいは空《あ》いている人《ひと》はいるはずです。なので、夜遅《よるおそ》くてでも伝えてくれれば、新聞記者《しんぶんきしゃ》が新聞に載《の》せ、次《つぎ》の日《ひ》に新聞を見《み》れば帽子《ぼうし》やマスクなど着用《ちゃくよう》して出《で》かけたり出来《でき》たはずです。情報が遅かったので、それを知《し》らなく外《そと》に沢山《たくさん》出てしまった人はよけいに放射線《ほうしゃせん》を浴《あ》びてしまったので、情報はとても大切《たいせつ》だと思います。なのでこれからは、情報をすぐに伝えるべきだと思いました。さらに、東電が悪いと思った理由《りゆう》三つ目《め》は、東電が嘘《うそ》をついたという事です。なぜなら例《たと》えば、放射線の量《りょう》を本当《ほんとう》の量より少《すく》なく私達《わたしたち》に伝えて迷惑《めいわく》をかけたり、水《みず》もれしていたことを伝えなかった事です。放射線の量を少なく伝えたら「このくらい安心《あんしん》」と思い公園《こうえん》で遊《あそ》んでしまった人もいると思うし、水もれしていた事を伝えなかったら今《いま》、本当の起《お》こっている事が分《わ》かりません。なので私は、東電が悪いと思いました。

　次《つぎ》にこの事故《じこ》をどう乗《の》り越《こ》えれば良《よ》いかというとやっぱり基本的《きほんてき》にはマスクや帽子などなるべく肌《はだ》を出《だ》さない方が放射線からふせげるので、この様《よう》な事をした方が良いと思います。又、心《こころ》を一つにする事も大切です。
そして、〝風評被害《ふうひょうひがい》〟という事件《じけん》もあります。その解決方法《かいけつほうほう》はマスコミです。風評被害はマスコミでもあるので、私達が将来大人《しょうらいおとな》になって本当の福島《ふくしま》をマスコミで伝えれば良いと思います。ですが、私達が大人になるまでの十年間《ねんかん》で風評被害があったら駄目《だめ》なので今福島県民《けんみん》（なるべく会津地方以外《あいづちほういがい》）でマスコミをやっている人が本当の今の福島の状態《じょうたい》をマスコミで伝えれば良いと思います。でもマスコミをやっている人が載《の》せてくれるか、もし載せなかったらどうたのむかが問題《もんだい》です。

S・S（小学四年生）

僕《ぼく》は、ゆうだい君《くん》の手紙《てがみ》を読《よ》みました。ゆうだい君はみんなが悪《わる》いという意《い》見《けん》なのですね。でもゆうだい君の意見と違《ちが》いました。僕は、原発《げんぱつ》をきちんと管理《かんり》しなかった東電《とうでん》と爆発《ばくはつ》の知《し》らせをテレビなどで言《い》わなかった政府《せいふ》が悪いと思《おも》いました。

なぜそう思ったかというと今《いま》のさわぎがなくなったり原発が爆発した日《ひ》から予《よ》防《ぼう》が出来《でき》たからです。もし建物《たてもの》をもっとがんじょうにして、今もれ出《だ》している放《ほう》射線物質《しゃせんぶっしつ》を中《なか》に閉《と》じ込《こ》められたら今ごろ外《そと》で楽《たの》しく遊《あそ》んだりマスクなどもつけずにいられました。なぜこうなってしまったのでしょう。それを考《かんが》えるとやはり、原発をきちんと管理しなかった東電が悪い事《こと》になります。僕は、あった事をきちんと言わない人《ひと》が一番《いちばん》きらいです。なぜなら人にめいわくがかかるからです。例《たと》えば道《みち》を歩《ある》いていた人に自転車《じてんしゃ》で当《あ》たってしまったとします。その人が頭《あたま》をうって大《おお》けがをしてしまいました。そしてそこに通《とお》りかかった人に

「きみ何《なに》があったか知《し》ってるかい。」

と聞《き》かれて

「知りません。」

と答《こた》えたらどうなるでしょう。はんにんが見《み》つからずみんなが困《こま》ってしまいま

す。そのように原発が爆発した事をだまっていたら爆発したのも知らずに外に出てしまいます。もしもその時《とき》自分《じぶん》が出ているとしたらどう思いますか。僕なら絶《ぜっ》対《たい》いやです。なぜちゃんと管理をしたり、情報《じょうほう》を伝《つた》えなかったんでしょう。やはり総理《そうり》の問題《もんだい》だと思います。管理をしてください、情報を伝えてください、と言える総理に変《か》えればいいと思います。

僕は、節電《せつでん》や被災地《ひさいち》で電気《でんき》がなく困っているので発電方法《はつでんほうほう》を考《かんが》えました。僕が考えた発電方法は、体重《たいじゅう》です。ゆかの下《した》に重《おも》さで発電出来るそうちをおけば電力《でんりょく》に変えることができます。

これらの事をすれば必《かなら》ず今までのような幸《しあわ》せな暮《く》らしが出来るでしょう。

……………T・S（小学四年生）

私《わたし》は、ゆうだい君《くん》の手紙《てがみ》に悪《わる》いけど、少《すこ》しだけ反対《はんたい》です。なぜなら、ゆうだい君の手紙には、電気《でんき》を無駄使《むだづか》いした関東《かんとう》が悪いと書《か》いてありますが、私は、東電《とうでん》の人達《ひとたち》と正《ただ》しい情報《じょうほう》を送《おく》らない、政府《せいふ》が悪いと思《おも》います。まずは、東電の人達が悪いということについてです。なぜ、東電の人達が悪いかというと、最初《さいしょ》に東電の人達はこの福島県《ふくしまけん》に原発を置《お》いて良《よ》いですかと聞《き》いて福島県の人達は「良いです」と言《い》いましたが、その誘《さそ》い方《かた》はお金《かね》をわたしますので置いても良いですかと聞いたそうです。そしたら福島県の人達は、それをOKしたので、とても腹《はら》が立《た》ちます。次《つぎ》は、皆《みんな》に正しい情報を送らない政府が悪いということです。なぜ政府が悪いかというと、正しい情報をテレビやラジオなどで聞いてみると、「1マイクロシーベルト以下《いか》なので大丈夫《だいじょうぶ》です。」などとえらい人は言っています。でも未来《みらい》の事《こと》などを考《かんが》えてみると本当《ほんとう》に大丈夫なのかと、不安《ふあん》がただよいます。それに、妊婦《にんぷ》さんや、子供《こども》などは特《とく》に注意《ちゅうい》が必要《ひつよう》になって、しかも若《わか》い人達は、病気《びょうき》になったら早《はや》くひどくなります。それを、平気《へいき》でテレビやラジオなどで流《なが》す政府が私は、とてもひどいと思います。そして、うそをつくと多《おお》くの人の命《いのち》が無《な》くなったりすることがあるんで、うそを付《つ》くことだけはやめてほしいと思いました。

次は、私達に今何《いまなに》が出来《でき》るかということです。その一つ目《め》は、マスクとぼう子《し》の着用《ちゃくよう》をすること。マスクとぼう子の着用をすると放射線《ほうしゃせん》をあまり浴《あ》びなくても良くなります。二つ目は、勉強《べんきょう》をすることです。勉強をすると、えらい人が「窓《まど》をあけても大丈夫ですよ」などと言っても勉強をすると本当は、ダメだったりすることがあるんで勉強をした方《ほう》がいいと思いました。

このように、私が伝《つた》えたいことは、東電も悪いし、正しい情報を送らない政府が悪いと思いました。けれど自分《じぶん》達で出来ることは実行《じっこう》してみた方がいいと思います。

……………A・T（小学四年生）

僕《ぼく》は、東電《とうでん》や福島県《ふくしまけん》の行政《ぎょうせい》と東京《とうきょう》に住《す》む人達《ひとたち》、つまりゆうだい君《くん》も悪《わる》いと思《おも》っています。なぜなら、まず、東京に住んでいる人達は、夜《よる》お店《みせ》の看板《かんばん》でネオンをピッカピッカ光《ひか》らせて電気《でんき》をむだ使《づか》いしていて原子力発電所《げんしりょくはつでんしょ》を作《つく》る事《こと》になったから悪いと思いました。

次《つぎ》に福島県の行政です。なぜかと言《い》うと、まず「仕事《しごと》がいっぱいあるよ。」とか「お金《かね》がいっぱいもうかるよ。」っていう、言葉《ことば》に乗《の》せられて、しかも沢山《たくさん》のお金に目《め》がくらみ原子力発電所を建《た》ててしまった事や原子力発電所が爆発《ばくはつ》したらしたで、東電があやまれー、て自分《じぶん》達で何《なに》もやろうとしないから悪いと思います。

その次に東京電力《とうきょうでんりょく》の人達です。なぜかというと、原子力発電所で働《はたら》いている人達のほとんどがおきゅうりょうが高《たか》いからです。そして一番《いちばん》だめなのが原子力発電所が爆発した事《こと》を知《し》らせるのがおそいという事です。もし夜の十二時《じ》に爆発したとしても知らせたら朝《あさ》の新聞《しんぶん》にのって、あるていど、ひばくしていなかったかもしれないから東京電力も悪いと思います。

このようなことの解決方法《かいけつほうほう》は二つあります。

一つ目《め》は、節電《せつでん》です。原子力発電所を作るきっかけを作ったのは、東京都《と》の人達だから、お店の看板のネオンが使う電力を少《すこ》しさげたりゲームを早《はや》めに切《き》り上《あ》げたりした方《ほう》がいいと思います。

二つ目は、ぼ金《きん》です。なぜ、ぼ金をするのかと言うと、今《いま》東京電力では、このじょうきょうを解決しようと、たんさロボットを原子力発電所に入《い》れています。そして内部《ないぶ》の様子《ようす》をさぐり悪い所《ところ》を調《しら》べ直《なお》そうとしているけど、ロボットを買《か》うにも作るにもお金がかかるので、ぼ金が必要《ひつよう》なのです。

それに福島県にもそれが言えます。なぜかと言うと、福島県は、放射能《ほうしゃのう》がとても高いちいきです。だから、地面《じめん》をけずるためにお金をぼ金でため、地面をけずった方が国《くに》にまかせるより数倍《すうばい》いいと思います。

……………W・K（小学四年生）

僕《ぼく》は、ゆうだい君《くん》が言《い》う皆《みんな》で話《はな》し合《あ》うと言うのには反対《はんたい》します。なぜかというと、ただ皆で話し合って何《なに》もしないと意味《いみ》がないからです。それに、今《いま》皆で話し合っても原発《げんぱつ》を止《と》めることぐらいしか出《で》きないし、もう原発は止めているから皆で話し合っても何もすることがないから、僕はゆうだい君に反対します。けれど、皆で話し合って何かを実行《じっこう》する人《ひと》であれば、僕は賛成《さんせい》します。これが反対をする理由《りゆう》です。

僕は、東電《とうでん》が悪《わる》いと思います。だって、爆発《ばくはつ》したのを言わないでだまっていたりあいまいなことを言っていたり、今の情報《じょうほう》を言わなかったりしているからです。そして、爆発したことを言わないと危険《きけん》だと分《わ》からなく、さらに危険になってしまうのにすぐ言わないし、あいまいなことを言っているから、何の情報のことを信《しん》じればいいのかが分からなくなってこまってしまいました。僕は東電が大切《たいせつ》なことを言わないから東電が悪いと思います。

そして、未来《みらい》はどうしていけばいいのかです。僕は、これから自分達《じぶんたち》で電気《でんき》を作《つく》っていけばいいと思います。そうすれば、どんな時《とき》でも電気を作れます。ていでんなどもした時にすぐ電気が使《つか》えるから、自分達で電気を作ればいいと僕は思います。

K・K（小学四年生）

僕《ぼく》は、ゆうだい君《くん》の言《い》いたいこと、とても良《よ》く分《わ》かります。しかしあの水素爆《すいそばく》発《はつ》は、電気《でんき》を使《つか》いすぎている関東《かんとう》が原因《げんいん》でしょうか。地震《じしん》の影響《えいきょう》かもしれませんが、管理《かんり》しているのは、東電《とうでん》です。水素爆発は、水素ガスが別《べつ》の排気管《はいきかん》を通《つう》じて、逆流《ぎゃくりゅう》して、爆発したと言われています。使いすぎと全《まった》く関係《かんけい》ありません。他《ほか》のことで考《かんが》えると、正《せい》かくな情報《じょうほう》をあたえなかった政府《せいふ》が悪《わる》いとも言えます。僕が思《おも》うには、国《くに》としての代表《だいひょう》なのだからやることは、やってほしいと思います。菅《かん》総理《そうり》は一人《ひとり》でやるのではなく、人《ひと》の力《ちから》をもっと借《か》りれば良いと思います。また、復旧《ふっきゅう》のメドがたったら辞任《じにん》するのではなく国をまとめたいのなら続《つづ》けるべきだと思います。そうすれば、以前《いぜん》よりも、国はまとまると思います。

こうして、あーだこーだ言ってますが国の未来《みらい》を作《つく》るのは、僕達《たち》なのです。そのための解決方法《かいけつほうほう》一は、ぼ金活動《きんかつどう》を行《おこな》うことです。そのお金《かね》を被災者《ひさいしゃ》に送《おく》るだけでなく、原発《げんぱつ》のロボットを改良《かいりょう》する等《など》のことをすれば良いと思います。

解決方法二は、ボランティア活動《かつどう》を行うことです。何故《なぜ》なら、震災《しんさい》で、一ヵ月《げつ》も休《やす》みがあったのなら、除染《じょせん》のため家《いえ》のそうじなどをすれば良いと思います。

解決方法三は、会議《かいぎ》等を行うことです。これをやって原発事故《じこ》の原因《げんいん》を突《つ》きつめていけば良いと思います。

解決方法四は、放射線《ほうしゃせん》を吸《す》う花《はな》を植《う》えることです。例《たと》えば放射線《ほうしゃせん》の高《たか》い所《ところ》に、ヒマワリを植えたり、菜《な》の花を植えたりして、放射線を吸えば良いと思います。そうすれば、住《す》みよい福島《ふくしま》になると思います。

これをまとめると、「国が発動《はつどう》しないとどうにもならないのだ」と思います。何故なら国が正かくな情報を伝《つた》えなかったら他《ほか》の国民《こくみん》が信《しん》じちゃって、大人《おとな》になって死《し》んじゃったら、保《ほ》しょう出来《でき》るのか、ということです。とにかく、国が先《せん》頭《とう》を切《き》っていけば良いのです。ゆうだい君の意見《いけん》が大反対《だいはんたい》ということじゃなくて、こうしないといけないんだということです。とにかく、先頭を切ってほしいのです。

T・S（小学四年生）

私《わたし》は、原発《げんぱつ》の事故《じこ》のことで、ゆうだい君《くん》に対《たい》して、三つ思《おも》うことがあります。まず一つ目《め》の思うことは、ゆうだい君の意見《いけん》とは反対《はんたい》で、皆《みんな》が無責任《むせきにん》ではなくて、政府《せいふ》や、首相《しゅしょう》が無責任だと思います。なぜかというと、前《まえ》の福島県知事《ふくしまけんちじ》は、福島県に、原子力発電所《げんしりょくはつでんしょ》を置《お》くのを反対していたのに、福島県知事を裏切《うらぎ》ってまで、福島県に原子力発電所を置いたからです。けれど、福島県民《みん》も一つだけ悪《わる》いと思いました。なぜかというと、福島県に、原子力発電所を置くことによって、福島県の市町村《しちょうそん》に、お金《かね》が入《はい》ってくるからといって、本当《ほんとう》は、爆発《ばくはつ》することが、分《わ》かっていたと思うのに、原子力発電所を置いたからです。二つ目は、今《いま》、ニュースでは、福島県の事実《じじつ》をいってしまうと、福島県民の人達《ひとたち》が、不安定《ふあんてい》になるからといって、嘘《うそ》の情報《じょうほう》を回《まわ》しています。その嘘の情報とは、今の福島県の状況《じょうきょう》や、福島県で、食《た》べて良《よ》い野菜《やさい》の放射線量《ほうしゃせんりょう》や、子供《こども》や大人《おとな》が、それぞれ浴《あ》びて良い放射線量のことです。私は、いちいち嘘を話《はな》さずに、事実を話して、皆《みんな》で原発《げんぱつ》を直《なお》せば良いと思いました。だから私は、東電《とうでん》も無責任だと思います。

私は、電気《でんき》や、発電プランのこと以外《いがい》に、原発を、治《おさ》めるには、まず、放射線が高《たか》い所《ところ》の土《つち》をけずったり、そういう所に、菜《な》の花《はな》や、ひまわりを沢山《たくさん》うえたり、マスクや、帽子《ぼうし》の着用《ちゃくよう》を、ポスターで、福島県じゅうに知《し》らせたりすれば良いと思いました。なぜそうすれば、良いと思ったかというと、土をけずったり、菜の花やひまわりを沢山うえたり、マスクや帽子を着用することによって、体《からだ》にも安《あん》全《ぜん》だし、少《すこ》しずつだけれど、放射線を防《ふせ》ぐことが出来《でき》ると思いました。

私は、放射線のことをこのように思ったり、放射線をこのように少しずつ防ぐ作業《さぎょう》のつみ重《かさ》ねが大切《たいせつ》だと思いました。

……………Y・U（小学四年生）

僕《ぼく》は、ゆうだい君《くん》の手紙《てがみ》を読《よ》んで、何《なに》を伝《つた》えたいか良《よ》く分《わ》かりました。しかし、僕は、ゆうだい君の意見《いけん》に反対《はんたい》です。なぜなら、まず原発《げんぱつ》を造《つく》るきっかけになったのは、夜遅《よるおそ》くまでスーパーやゲームをしていたからではなく原発が一番《いちばん》お金《かね》がかからないから原発を造ったのです。それで僕の意見は、東電《とうでん》の人達《ひとたち》と行政《ぎょうせい》の人が悪《わる》いと思《おも》います。なぜかと言《い》うと、まず東電の人は、チェルノブイリの事故《じこ》を見習《みなら》ったのでしょうか。せめて、あの事故が起《お》こらないように何か対策《たいさく》でもとっていれば、たとえ爆発《ばくはつ》しても少《すこ》しは、おさえられたと思います。なので、対策などをおこなっていなかった東電の人達が悪いと思います。次《つぎ》は、行政です。行政は、この大《おお》きな原発事故があったのにもかかわらずどういう対策にしたらいいかも考《かんが》えずに、すべて国《くに》にまかせていたのです。たしかに、とてもいきなり起こった事故だし、だれもが想定外《そうていがい》だったのは、もちろん分かります。でも、福島県《ふくしまけん》を守《まも》ってやるという気持《きも》ちは、あったのでしょうか。あったなら考えていたはずです。こんな事故が起きた場合《ばあい》には、もう人まかせではなく自分《じぶん》達でやるという気持ちを持《も》ってしっかり対策を考えるというのが正《ただ》しいと思います。それなしに、ただ人にまかせてやっているのであれば、福島の県知事《ちじ》としてのやくめをはたしてないと思うし、そこにいる意味《いみ》がありません。つまり人まかせすぎで自分でちゃんとやっているのかと思うのです。

これが、僕が思う自分の意見です。そして僕はこれからの未来《みらい》のために自分が思う対策ほうほうを考えました。まずは、放射線量《ほうしゃせんりょう》をへらすためにひまわりを植《う》えたらいいと思います。なぜなら、どうやらひまわりは、放射線をすいとってくれるそうです。そして、そのすいとったひまわりは、原発の中《なか》に入《い》れたらいいと思います。そうすればもう1度《ど》爆発がおこらないかぎりは、原発の中にひまわりを入れてもだいじょうぶだと思います。次は、節電《せつでん》を心《こころ》がけることです。すでに、東京《とうきょう》では、やり始《はじ》まっていますね。でも、地震《じしん》で被害《ひがい》に合《あ》った所《ところ》まで節電しろとは、言いません。しかし、せめて何も被害に合っていない所は、節電ぐらいするべきだと思います。つまり、この被害をのりこえるには、日本《にほん》のすべての人が協《きょう》力《りょく》しないとのりこえられないと言うことです。

……………T・Y（小学四年生）

私《わたし》は、ゆうだい君《くん》の意見《いけん》に対《たい》して悪《わる》いのですが「みんなが悪い」のではなく「東京電力《とうきょうでんりょく》が悪い」と思《おも》います。なぜ東京電力が悪いのかというと、今原子力発電《いまげんしりょくはつでん》をおさめられなくて市《し》や町《まち》、村《むら》に放射能《ほうしゃのう》をたくさん飛《と》ばしてるのに情報《じょうほう》を速《はや》く伝《つた》えないでいて、とにかく情報が遅《おそ》い、そこが悪い所《ところ》だと思います。なぜそこまで情報を速く伝えなければいけないかと言《い》うと、例《たと》えば何《なに》も知《し》らず遊《あそ》んでいたらその人《ひと》は、放射能がたくさんついてしまいます。しかも、爆発《ばくはつ》したしゅんかんから放射能が色々《いろいろ》な所に飛び回《まわ》ってしまうから人の命《いのち》を大切《たいせつ》にするには、情報をとても速く伝えることが大切だと思います。爆発したことも二～三日《にち》遅くみんなに伝えたから私は、外《そと》にいっぱい出《で》ちゃったと言う人はいると思います。このような人は、そんをしたというような気《き》もちになると思います。だれだって長生《ながい》きはしたいと思うので、情報をちゃんと速く伝えるべきだと思います。12時《じ》とか真夜《まよ》中《なか》だって、ニュースでもやるし、そのことを聞《き》いてる人もたくさんいると思うから、せいかくな情報を速く伝えるべきだと私は思います。また東京電力は、うそもついていました。情報を伝えるのも大切だと思うけど、うそをつくのもいやな気もちになると思います。いきなり放射能の数値《すうち》が少《すく》なくなったなぁと思ったら安全《あんぜん》そうな屋上《おくじょう》などで量《はか》っていたから私は、安心《あんしん》して少《すこ》しぐらい外に出てお出かけしてもいいくらいかなぁと思っていました。放射能の数値は、まだ多《おお》かったのでうそばっかりついているとみんなしんようされなくなると思ったし、後《あと》から本《ほん》当《とう》のことを言ってもうそだとかんちがいされてしんようされなくなるから私は、うそをついてほしくないと思いました。

解決方法《かいけつほうほう》は、ただ批判《ひはん》をしていたりあやまってたりとかしたってなにも変《か》わらないでしょ。あやまって事故《じこ》を解決できるわけではありません。批判するだけでなく解決の道《みち》を見《み》つけて実行《じっこう》するのです。後《あと》もう一《ひと》つの解決方法は、私達《たち》のクラスが考《かんが》えて実行しようとしていることです。それは、子供未来《こどもみらい》プロジェクトです。まず、子供未来プロジェクトとは、他《ほか》の学校《がっこう》は何をやっているのか、を話《はな》し合《あ》ったり、情報交《こう》かんしたりすることです。それに放射能のことを教《おし》えてほかの人にもくわしくなってもらえばいいし、そのことをくわしく書《か》いた紙《かみ》をわたせばより良いと思います。なぜなら福島県《ふくしまけん》ではなくてもう少し遠《とお》い所の人達に伝えてクラスの人や母《かあ》さん父《とう》さんに情報が伝わってかしこくなれば解決方法も見つかると思います。もう一つ解決方法があります。それは、福島の人だけでなく日本全体《にほんぜんたい》の人がこの事故をわすれないで考え続《つづ》けていくことが必要《ひつよう》だと思いました。なぜかというと、福島の人だけが苦《くる》しんでいて、ほかの県の人は、このことをわすれていたら良いちえもでないからみんなで考え続けることが良い解決方法だと思います。

……………N・W（小学四年生）

僕《ぼく》は、すべてにおいてみんなと東電《とうでん》が悪《わる》いと思《おも》います。みんな電気《でんき》をつけっぱなしにしたり、ゲームずっとやっていたり、こういう事《こと》のつみかさねから、東電がうまれたような物《もの》だから、これには、東電だけではなくみんなも悪いという事。東電だけど東電だってもちろん悪い。なぜなら、事故《じこ》を処理《しょり》できず今《いま》だに、みんなを不安《ふあん》という海《うみ》の中《なか》から、すくいだせそうにない。東電不安の海に落《お》ちてる人達《ひとたち》をすくい引《ひ》きだすやくわりになっているのに東電は、責任《せきにん》をとらずに逃《に》げているだけになっている。これは心《こころ》のおくふかくからいわないとだめ。自分《じぶん》がせめられてないうちに、さっさと逃げればいいって思って、逃げるよわいやつがやる事。こういう事やってたら、いつになっても終《お》わらないでそのままだから、みんなで話《はな》しあう事でみんなで心を1つにする事が大切《たいせつ》。

それでは、次《つぎ》にまいります。次は、自分は、どうすればいいかです。「勉強《べんきょう》する」。僕はこれしかないと思います。勉強しなければなにもできない。それに、勉強すれば色々《いろいろ》といい事があります。ほうしゃのうは、ロケットにのっけて、とばして、宇《う》ちゅうでばくはつさせる。そして、ほうしゃのうとおさらばして自由《じゆう》になる。

そのために勉強し、ロケット造《つく》って、とばして、ぼくはする、それでOKそういうことで、自由がてにはいると思う。

……………K・K（小学四年生）

僕《ぼく》は、ゆうだい君《くん》の言《い》いたかった事《こと》が良《よ》く分《わ》かりました。でも、僕は、反対《はんたい》です。なぜなら、原発《げんぱつ》をたてた、東電《とうでん》は、福島県《ふくしまけん》の行政《ぎょうせい》に次《つぎ》から次へと「これも作《つく》ってあげる。」と言って、福島県に置《お》きました。なぜ、関東《かんとう》に置かないのでしょうか？　東電や関東は、危険《きけん》だって、分かっているから、福島県に置いたんです。他《ほか》に東電は、原発事故《じこ》を起《お》こしたうえに、その安全性《あんぜんせい》に対《たい》し、安全だとうそをついて、皆《みんな》にめいわくをかけて、人《ひと》の健康《けんこう》を考《かんが》えてなく、うそをついたことを僕はゆるせない。

水素爆発《すいそばくはつ》が起きて、どう変《か》わったか。地震《じしん》が、起きる前《まえ》は、普通《ふつう》にマスクもしない、今《いま》とは、ちがって、かいてきなくらしでした。なぜ、政府《せいふ》などは、解決《かいけつ》できなかったのでしょうか。民主党《みんしゅとう》が二つに分かれたりしたからなのです。

他に東電は、メルトダウンなどと、明《あか》るいニュースじゃないことばかりしか聞《き》こえないので、ちゃんとしっかり直《なお》して、福島県に明るいニュースを出《だ》してもらいたいです。

これからの未来《みらい》への解決方法《ほうほう》。福島県に置いたことの解決方法は、自分《じぶん》たちが使《つか》う物《もの》は、自分達《たち》の土地《とち》において発電《はつでん》する。解決方法二は、うそをつかないことです。ちゃんと起こしてしまい危険だと言ってせいいっぱい直せばいいと思う。解決方法三は、ひまわりを植《う》えて、放射性物質《ほうしゃせいぶっしつ》をなくすことです。ひまわりは、セシウムなどをすえるから、ひまわりをたくさん植えて、セシウムなどへらす。

…………H・K（小学四年生）

私《わたし》は、ゆうだい君《くん》の手紙《てがみ》に書《か》いてあった、「皆《みんな》で話《はな》し合《あ》って決《き》めるべきなのです。」に、反対《はんたい》します。なぜなら、私の意見《いけん》は自分達《じぶんたち》で話し合っている間《あいだ》に、まずは原発《げんぱつ》を止《と》めるという意見だからです。

そして自分の考《かんが》えでは、政府《せいふ》と関東《かんとう》、東電《とうでん》、そして自分達が悪《わる》いと思《おも》います。まず私が、政府を悪いと思った訳《わけ》は、大事《だいじ》なことを教《おし》えてくれなかったからです。例《たと》えば原発のこと（など）です。

ですが、政府は確《たし》かにパニックになると考えて大事なことを教えてくれなかったけれど、原発のことなどを知《し》った皆がパニックにはならないのではないでしょうか？　その次《つぎ》に、関東が悪いと思った訳は、このような状況《じょうきょう》だというのに電気《でんき》を無《む》駄《だ》遣《づか》いしているからです。（いらない分《ぶん》も使《つか》っている。）そして、東電を悪いと思った訳は、政府と同《おな》じように、嘘《うそ》をついていたからです。例えばまちがえている、放射線量《ほうしゃせんりょう》を教えていたからです。さらに私が、自分達が悪いと思った訳は、原子力発電《げんしりょくはつでん》を作《つく》ることを許《ゆる》したからです。

この解決方法《かいけつほうほう》は、まず政府は大事なことを教えてくれないのだから、政府の人《ひと》にくわしく電話《でんわ》などで聞《き》いてみれば良《よ》いと思います。そして関東は、電気を無駄遣いしているのだから、節電《せつでん》すれば良いと思います。東電の解決方法です。東電は、嘘をついているので、私達で「東電は、まちがっている」と、チラシなどで皆に伝《つた》えれば良いと思います。そして、自分達についての解決方法は、私達が小《ちい》さいころ（生《う》まれてない時《とき》）だったからよく分《わ》からないけれど、よく考えて決めなかったから、今《いま》は自分達が悪いと思うから、放射線がおさまるまで、責任《せきにん》をとるべきだと思います。

その次は、私が考える発電です。（お金《かね》はかかって出来《でき》ないけれど）私は発電するために、風《かぜ》が吹《ふ》けば、発電する風力《ふうりょく》発電がよいと思います。私がこの考えにした理由《りゆう》です。それは、風がよく吹くから、発電しやすくするためです。

さらに、今私達が出来ることです。まず、節電をすること。そして、このような事故以外《じこいがい》で、少《すこ》しでも、人を死亡《しぼう》させない。（被《ひ》ばくなどで。）マスク・帽子《ぼうし》などを着用《ちゃくよう》するように呼《よ》びかける。草《くさ》むらなど、被ばくしやすい所《ところ》に近《ちか》よらない。そしてあまり外出《がいしゅつ》しないことです。

最後《さいご》に、未来《みらい》についてです。今の文《ぶん》のように、マスク・帽子を着用をつけて、外出したら、手洗《てあら》いうがいなどをすることが大事だと思います。そして未来も人を、病気《びょうき》などにならないようにしたいです。

……………K・S（小学四年生）

私《わたし》は、ゆうだい君《くん》の手紙《てがみ》の内容《ないよう》については、私は、反対《はんたい》します。なぜかというと、ゆうだい君の手紙には、電気《でんき》とかむだづかいをした人々《ひとびと》も悪《わる》いと書《か》いてあったけれど、私は、せいふと福島県《ふくしまけん》の人々が悪いと思《おも》いました。なぜかというと、せいふは、今《いま》の状況《じょうきょう》のことを知《し》らせなかったし、今の原発《げんぱつ》の所《ところ》の放射線《ほうしゃせん》の量《りょう》をしらせなかった。そして今あぶない原発のことをちゃんとつたえてなかった。そして、福島県の人々も悪いと思いました。なぜかというと、福島県につくったことと、福島県の人々は、原発のことをちゃんとみてなかったから（東電《とうでん》も）。また、ゆうだい君の手紙には、「電気のむだづかいをした人々が悪い」とかいてあって私は、ちょっとは「それもあるな～。」と思ってるけど福島県の人もスーパーマーケットで何時間《なんじかん》も何時間も電気のむだづかいもしているから思いました。（自《じ》分《ぶん》で思ったこと）それで、せいふのことを私は、こう思いました。せいふは、いつまでもいつまでも、原発のことをつたえればいいと思う。そのほうが、みんなは、わかりやすいから。そして、福島県の人々はただひなんしているだけではなく、原発と日本《にほん》のこととかもちゃんと考《かんが》えた方《ほう》がいいと思う。そして、原発はこわいと思うけども、原発のことも考えて頭《あたま》で想像《そうぞう》とかしていっぱい、いっぱい考えたほうがいいと思った。（これからの未来《みらい》のこと）私は、これからの未来のことでこう思いました。それは、放射線や放射能《ほうしゃのう》のことの勉強《べんきょう》も大切《たいせつ》です。そして、自分たちの身《み》を守《まも》っていくことも大切です。

…………H・T（小学四年生）

僕《ぼく》は、こう思《おも》います。ゆうだい君《くん》の言《い》うとおりに、話《はなし》もせずに東電《とうでん》の人達《ひとたち》が悪《わる》いといっているので、それはちょっと、ひきょうなんじゃないかなと僕は思いました。そして僕が思うのは、東電だけが悪いんじゃなくて東電も、みんなも悪いと思います。なぜかというと、みんなも電気《でんき》やお金《かね》を使《つか》いすぎているからみんなも東電も悪いと思います。そこで、僕は電気の事《こと》だと朝《あさ》は明《あか》るいのに起《お》きてからすぐ電気をつける人がいるので朝は明るいので電気を、むだ使《づか》いしないように夜《よる》だけ暗《くら》いのでつけるようにすればいいんじゃないかなと思います。そして関東《かんとう》のほうでも電気をむだ使いしないようにせつでんをしているので、それはいい事なんじゃないかなと思います。そして僕達は、東電の人達に頼《たよ》りすぎているんじゃないかなと思います。その事についても僕達も悪いんじゃないかなと思います。そしてそういう事についても東電は放《ほお》っておいているので、その事についても東電は悪いんじゃないかなと思います。そしてやっぱりみんなもまかせすぎたりしているからだからみんなも、東電の人達ぐらいで悪いんじゃないかなと思います。

これが僕がゆうだい君に書《か》いた手紙《てがみ》です。そして未来《みらい》については自分《じぶん》達で電気をおこせばいいんじゃないかなと思いました。そういう事をやる事によって電気をあまり使わなくなるのでいいんじゃないかなと思いました。そうすれば東電の人達や僕達にも良《よ》いほうほうになっていいんじゃないかなと思いました。そしてこれからも関東のほうの人達もせつでんをすれば東電の人達もこまらなくていいと思いました。

…………K・H（小学四年生）

僕《ぼく》は、東電《とうでん》と東京《とうきょう》の人《ひと》と東京の行政《ぎょうせい》が悪《わる》いと思《おも》います。なぜなら、一回《かい》チェルノブイリで爆発《ばくはつ》したのにもかかわらず少《すこ》ししか守《まも》ろうとしなかった。そしたら皆《みんな》も悪いと思うでしょう。さらに現在《げんざい》僕達《たち》は、外《そと》で遊《あそ》ぶことが出来《でき》ていません。こういうことをさせているのに原発《げんぱつ》を止《と》めるのにも失敗《しっぱい》しているので僕は、東電が悪いと思うのです。さらに僕達の所《ところ》で「すみませんでした。」などと普通《ふつう》は言《い》うけど、そういう言葉《ことば》はいっさい聞《き》いていません。だから、僕はゆうだい君《くん》の意見《いけん》に反対《はんたい》です。

僕は東電だけでなく、東京の人と政府《せいふ》も悪いと言いました。なぜかというと、もちろん福島《ふくしま》だって電気《でんき》を使《つか》い過《す》ぎているからです。どういう意味《いみ》かというと、もちろん福島だって電気を使います。でも、一番《いちばん》使っていたのが東京です。なぜそんなに使ってしまったのかというと、外《そと》にとても大《おお》きなテレビがあるからです。しかもそれが何台《なんだい》も。しかもそれで福島に作るなんて無責任《むせきにん》です。それで、お金《かね》をあげると言って建《た》てさせようとするなんてもっとずるいと思います。確《たし》かにお金に目《め》が眩《くら》んだ福島の行政も悪いと思うけど最終的《さいしゅうてき》にお金でさそった政府が悪いと思います。

僕は、これからどうしていけば良《よ》いのかが一《ひと》つあります。それは、こういう原発を作らず今《いま》の様《よう》に節電《せつでん》をしていけば良いと思います。

……………S・K（小学四年生）

僕《ぼく》は、東京電力《とうきょうでんりょく》、福島《ふくしま》の行政《ぎょうせい》、関東《かんとう》に住《す》む人々《ひとびと》（ゆうだい君《くん》も）悪《わる》いと思《おも》います。

なぜゆうだい君も悪いかと言《い》うと、都会《とかい》の人々は夜中《よなか》の1時《じ》2時3時まで、ゲームをしたり会社帰《かいしゃがえ》りの人がみんなで夜遅《よるおそ》くまで飲《の》んでいたりするから悪いと思います。それでなんでゆうだい君もまざるかと言うと僕が思うには、ゆうだい君も関東に住んでいて福島の電気《でんき》を使《つか》っているので悪いと思います。

東京電力もなぜ悪いかと言うと正確《せいかく》な情報《じょうほう》を出《だ》してこなかったからです。正確な情報がないと変《へん》な情報を出されると、こっちもその情報を信《しん》じると大変《たいへん》になるから悪いと思います。

福島の行政もなぜ悪いかと言うとその理由《りゆう》は二つあります。

まず1つ目《め》は、東京電力と同《おな》じように情報を出してこなかったのが悪いと思います。二つ目は、リーダーシップをとっていないことです。国《くに》にたよりすぎて自分達《じぶんたち》で、郡山市《こおりやまし》みたいに学校《がっこう》の土《つち》をけずるとはんだんしてリーダーシップをとっていかないとだめだと思います。しかも、国にたよっても国もなにもしていないし3ヶ月《かげつ》たってもなにもやっていないからそこが悪いと思います。日本《にほん》の未来《みらい》は関東を中心《ちゅうしん》に、LED電球《でんきゅう》などでせつでんしていけばいいと思います。

S・T（小学四年生）

僕《ぼく》は、原子力発電《げんしりょくはつでん》の人達《ひとたち》が悪《わる》いと思《おも》いました。なぜかと言《い》うと、原子力発電の人達は、もう原子力発電がこわれていると言うのに、皆《みんな》に知《し》らせないでいたからです。その原子力発電がこわれたことを言うのは、その日《ひ》の夜《よる》くらいに、言うべきです。または、うそつきなのです。あと、社長《しゃちょう》があんまり出《で》てこないと言うことです。社長があんまり出てこないと言うのは、原子力発電で働《はたら》いていたりしている人達が、よく皆にあやまっているのは、テレビなどで見《み》かけますが、社長があやまっている所《ところ》は見たことがありません。なので、社長があやまりにこないということが、悪いと思います。

僕の考《かんが》えた解決方法《かいけつほうほう》は、僕の家《いえ》もやろうと思っているけれど、ひまわりを植《う》えればいいと思います。ひまわりを植えると、放射線《ほうしゃせん》を吸《す》い込《こ》むので、それを吸い込んで、放射線を少《すく》なくするのです。そのひまわりは、買《か》うしかありません。なので、まず募金《ぼきん》してもらってから、そのお金《かね》で、ひまわりとか、放射線を吸い込む物《もの》や花《はな》を買ってきて、皆にくばるのがいいと思います。だけど、その買ってきたひまわりとか放射線を吸い込む物をあげるけれど、それは学校《がっこう》だけではなく、町《まち》の人達にあげるのです。そのひまわりは、たねからか、もう出来《でき》ているのかを育《そだ》てるのは、自分《じぶん》しだいです。

B・S（小学四年生）

僕《ぼく》は東日本大震災後《ひがしにほんだいしんさいご》の福島第一原発水素爆発《ふくしまだいいちげんぱつすいそばくはつ》での事故《じこ》でゆうだい君《くん》はみんなで話《はな》し合《あ》うべきだといっていましたが、僕はそれに反対《はんたい》です。なぜなら僕達《たち》は無駄《むだ》に電気《でんき》を使《つか》っているので、その無駄な分《ぶん》だけ電気を街《まち》に流《なが》している。つまり無駄な分も東電《とうでん》は働《はたら》いている。なので無駄な分働いているのに話し合えというのはちょっとおかしいと思《おも》います。そして、正直《しょうじき》僕は東京電力《とうきょうでんりょく》も悪《わる》いと思います。なぜなら、僕がニュースを見《み》ていてたまに「ざんねんです。」とか無表情《むひょうじょう》で言《い》っています。で、僕が伝《つた》えたい事《こと》は何《なに》かというと、無責任《むせきにん》だという事です。でも、なぜ無表情だと無責任だと言えるのかというと、普通《ふつう》だともっと焦《あせ》るはずです。それに対《たい》して枝野官《えだのかん》ぼう長《ちょう》かんや東電の社員《しゃいん》は、「すべて一、二号機《ごうき》がメルトダウンしました。」と無表情で言っているため、僕は無責任だと思っていたのです。もし焦っていたら、それを新聞《しんぶん》やテレビで見たり読《よ》んだりしている人《ひと》達は、「きっと作業《さぎょう》などに集中《しゅうちゅう》してるんだな、苦労《くろう》してるんだね。」とか思っていたはずです。

　そしてその事に少《すこ》しでもつながるせめて僕達にできる事は、ソーラーパネルを付《つ》けたり、ＬＥＤ電球《でんきゅう》にかえたりすることです。でも、もっと簡単《かんたん》な方法《ほうほう》があります。それは、空気中《くうきちゅう》に浮《う》いている電子《でんし》をためて、その電子で明《あ》かりをつければいいと思います。これはたぶん誰《だれ》にでもできると思っています。

T・E（小学四年生）

突然《とつぜん》ですが僕《ぼく》はゆうだい君《くん》の「原発《げんぱつ》を作《つく》るきっかけを作ったのは皆《みんな》」という意《い》見《けん》と同《おな》じです。しかし、みんな決《き》めるほどではないと思《おも》います。

僕は、悪《わる》いのは政府《せいふ》と東電《とうでん》だと思います。なぜかと言《い》うと、東電は原発の事故《じこ》をおさめる事《こと》に失敗《しっぱい》し続《つづ》けています。また、政府は、原発事故の情報《じょうほう》をなかなか出《だ》してないからです。ですが原発を作るきっかけを作ったのはみんなです。政府は、情報を出してないわけではありません。僕も、政府などが出す情報は正《ただ》しいんだと思います。しかし、おそかったので、多《おお》くの人《ひと》はきけんにさらされてきたのです。

ところで、僕はこの事故の事について、二つかい決方法《けつほうほう》があります。一つは、原発はは い止《し》にする。また島根《しまね》原発のような作り途中《とちゅう》のものや、けいかく中の物《もの》はやめるという事です。さらに、原発の中味《なかみ》を出して、そこで、火力《かりょく》や水力《すいりょく》といった物をやれば良《よ》いんだと思います。

つまり、僕が言いたい事は、この原発事故での教訓《きょうくん》をふまえた上《うえ》で、新《しん》ぎじゅつを使《つか》いながら発電《はつでん》を続けていけば良いんだと思います。そのようにすれば、このような原発事故のような大変《たいへん》な事はきっと起《お》こることはないんだと思います。このようにして、日本中《にほんじゅう》、いや、世界中《せかいじゅう》を良くしていければ良いんだなと思います。

T・W（小学四年生）

私《わたし》は、ゆうだい君《くん》の手紙《てがみ》に対《たい》して少《すこ》し反論《はんろん》をします。なぜかというと、ゆうだい君の手紙には電気《でんき》を無駄《むだ》づかいした皆《みんな》が悪《わる》いと書《か》いてありましたが私は東電《とうでん》と、日本中《にほんじゅう》の人々《ひとびと》が悪いと思《おも》います。その事《こと》に付《つ》いて、始《はじ》めに東電が悪い理由《りゆう》を説明《せつめい》します。なぜ東電が悪いかというと、原発《げんぱつ》を作《つく》る前《まえ》に東電が福島県《ふくしまけん》に原子力発電《げんしりょくはつでん》所《しょ》を建《た》てて良《よ》いか尋《たず》ねて福島県の行政《ぎょうせい》は良いと許可《きょか》を出《だ》し、原発を建ててしまったそうです。でも、どうしてOKを出してしまったのでしょうか？　それは、福島県の行政がお金《かね》を貰《もら》った為《ため》、お金で釣《つ》られてしまったそうです。お金を貰えるからといって建てるのもおかしいけれど、仕方《しかた》が無《な》いという気持《きも》ちも有《あ》ります。本当《ほんとう》に難《むずか》しい事だと思いました。だからOKを出してしまったという気持ちも分《わ》かります。でも、やはり東電の人がきちんとやって行《い》かないといけないと思います。それに、お金を貰う前に、「安全《あんぜん》な原発です。」と言《い》っていたそうです。しかし、この通《とお》り爆発《ばくはつ》してしまったなんて、嘘《うそ》をついたという事になってしまいました。さらに正《ただ》しい情報《じょうほう》をすぐに伝《つた》えていないからです。

次《つぎ》は、日本中の人々が悪い理由です。それは、福島県が建てると決《き》める前に、原発はとても危険《きけん》だという事を伝えてあげなかったからです。日本は、昔《むかし》、長崎《ながさき》県と広島《ひろしま》県に原爆《げんばく》が落《お》とされ、放射能《ほうしゃのう》の怖《こわ》さを一番《いちばん》知《し》っているのだから、教《おし》えてあげなかった日本中も悪いと感《かん》じました。

その次は、解決方法《かいけつほうほう》です。私が考《かんが》えた方法は5つ有ります。一つ目《め》は、発電をもっと増《ふ》やす事です。そうすれば、電気が足《た》りなくなる事も無いと思いました。そこで、私は考えてみました。それは植物《しょくぶつ》で電気を作る事です。それが上手《うま》く行ったら、植物をもっと増やせば良いからです。

二つ目は、節電《せつでん》です。どう節電をしていけば良いかというと、電気をいちいち消《け》すという事です。それに、この頃暑《ころあつ》い日《ひ》が多《おお》いので、扇風機《せんぷうき》や冷房《れいぼう》を付けるのも電気を使います。だから、少しでも使わなくする為には、自分《じぶん》の服《ふく》を涼《すず》しくする事で、少しでも電気を使わなくしているので良いと思いました。

三つ目は、勉強《べんきょう》をする事です。理由は、勉強をする事によって、これから壊《こわ》れかけた日本を、新《あたら》しく良い国《くに》を作る事が出来《でき》ると思ったからです。ですから、どんどん勉強に励《はげ》んで行かないと駄目《だめ》だと思います。でも、ただ勉強が出来るだけじゃなくて、行動《こうどう》が出来ないと駄目なので、知恵《ちえ》を使う事が大切《たいせつ》だと思いました。

四つ目は、ニュースを見《み》る事です。ニュースを見ると、正しいデータを知る事が出来るからです。そして、私は自分で知ろうとする気持ちはとても大事《だいじ》だと思います。ニュースでデータを見ないと、毎日《まいにち》の状況《じょうきょう》を知《し》る事が出来ないからでした。それも、解決方法に結《むす》ばれると思います。

最後《さいご》は、殆《ほとん》どの人がもうやっているのですが、外《そと》に出る時《とき》は「マスク」と、外から帰って来《き》たら、「手洗《てあら》いうがい」をするという事です。なぜなら、手を洗えば少しでも放射線《せん》を落《お》とせます。それに、マスクをすると放射線は防《ふせ》げないけれど、埃《ほこり》を吸《す》わない為《ため》やっていた方《ほう》が良いと思いました。

この様《よう》に、私は東電と日本中の人々が悪いという事と、解決方法は「発電を増やす」・「節電」・「勉強」・「ニュースを見る事」・「手洗い嗽《うがい》とマスクをする」が大切だと思います。このことを、ポスターなどでよびかけをして、少しずつ気を付けていけば良いのではないかと思いました。解決方法は未来《みらい》にもつながります。

M・O（小学四年生）

私《わたし》は、ゆうだい君《くん》の気《き》持《も》ちはよく分《わ》かります。でも、ゆうだい君には失礼《しつれい》ですが、ただの〝皆《みんな》〟ではなく、〝日本《にほん》の皆〟が悪《わる》いと思《おも》います。なぜかというと、東北地方《とうほくちほう》の人《ひと》は、節電《せつでん》を心《こころ》がけていない人が居《い》るのです。関東《かんとう》地方の人は、東北の人よりも、いっぱい電気《でんき》を使《つか》っているのです。そして、関西《かんさい》地方の人は、関西地方は三月《がつ》十一日《にち》の地震《じしん》で、あまりゆれなかったけど東北の最大震度《さいだいしんど》七の所《ところ》もあるのに、それを見《み》て、普通《ふつう》にいつものように暮《く》らしているのです。

そこで、自分《じぶん》の考《かんが》えは、私達《たち》（子供《こども》）でも出来《でき》ることです。一つ目《め》は、自分で節電をして、後《あと》で節電をしていない人に声《こえ》をかけるという考え、又《また》は、電信柱《でんしんばしら》やけいじ板《ばん》などにポスターなどをはることです。そうすれば、少《すこ》しでも節電をする人は多《おお》くなると思います。自分達で発電《はつでん》するには、様々《さまざま》な発電の仕方《しかた》があります。例《たと》えば、太陽光《たいようこう》パネルで、太陽の光《ひかり》をパネルに集《あつ》めて、その集めた光で発電するという考えがあります。もう一つの考えは、体育館《たいいくかん》のゆかを発電ゆかマットにして、遊《あそ》んだり、勉強《べんきょう》をしたりして発電する、という考えもあります。次《つぎ》に自分でも出来ることは、節電についてです。それは、洗濯《せんたく》です。まず洗濯は、洗濯機《き》で洗濯するのではなく、川《かわ》などで洗濯することです。だけど、福島《ふくしま》は、放射線《ほうしゃせん》や放《ほう》射能《しゃのう》があるから他《ほか》の県《けん》でお洗濯をすると良《よ》いと思います。このように、節電や、自分で発電するなど、出来ることがまだまだあるのです。皆も、自分の考えでやると、良いと思います。

自分達の未来《みらい》は、放射線や放射能について勉強していくべきです。例えば、放射線（放射能）は、どれだけあぶないのか、基本的《きほんてき》には、放射能って何《なに》？ということもです。そして、放射能から、身《み》を守《まも》っていくことが大切《たいせつ》です。

……………J・H（小学四年生）

私《わたし》は、この東日本大震災《ひがしにほんだいしんさい》で起《お》きた原発事故《げんぱつじこ》で私は学校《がっこう》でゆうだい君《くん》の手紙《てがみ》を読《よ》んで、こう思《おも》いました。それは、東電《とうでん》も悪《わる》いけど東北地方《とうほくちほう》の人達《ひとたち》、関東《かんとう》地方、行《ぎょう》政《せい》、政府《せいふ》も悪いと思いました。

なんで、東北や関東地方の人達が悪いと思ったのは、電気《でんき》のむだづかいをしていたんだし自分達《じぶん》でできることをやっていないところが悪いと思いました。例《たと》えば自分達にできることは、募金《ぼきん》したりしたらいいと思います。私は、前《まえ》お店《みせ》で募金をしました。そんなようにやればいいと思います。

そして、なぜ行政や政府が悪いと思ったのはニュースや新聞《しんぶん》で嘘《うそ》のことを言《い》ったり、書《か》いたりして皆《みんな》のことを騙《だま》したりしているから悪いと思ったのです。パニックになったりするけど皆を騙す方《ほう》が悪いと思います。このことを全部《ぜんぶ》にまとめると一番《いちばん》悪いのは、東電でも東北でも関東でも行政でも政府でもなくて私は、日《に》本《ほん》と言う国《くに》が悪いと思いました。

今《いま》から、思った事《こと》の解決方法《かいけつほうほう》やこれから私達がどうやって未来《みらい》を作《つく》っていくかを言います。

思ったことの一つ目《め》は、さっきいった募金したりすることです。なんのいいことがあるのかと言うと被災者《ひさいしゃ》の人達が良《よ》い暮《く》らしができると思うからです。

思ったこと二つ目は、パニックにならない程度《ていど》ニュースや新聞に言ったり、書いたりしたらいいと思います。そしたら皆が信《しん》じて皆が見《み》れると思います。

今、私達のできること一つ目はヒマワリを植《う》えることです。なぜ植えるのかと言うとヒマワリはあの放射線《ほうしゃせん》をなくしてくれるから植えたらいいと思ったのです。そしてヒマワリの他《ほか》にも放射線をなくしてくれる花《はな》があります。菜《な》の花もなくしてくれるそうです。

私達にできること二つ目は、勉強《べんきょう》することです。理由《りゆう》はまた東日本大震災が起きたとしても対応《たいおう》できるからです。そして放射線がどのくらい怖《おそ》ろしいか分《わ》かるから子供《こども》のうちに勉強するのです。

このように、私が伝《つた》えたいのは東京電力《とうきょうでんりょく》だけが悪いのではなくて日本全体《ぜんたい》が悪いという事が伝えたかったのです。

…………R・I（小学四年生）

僕《ぼく》はゆうだい君《くん》はえらいし、強《つよ》いなぁと思《おも》いました。なぜなら、ゆうだい君はお父《とう》さんの仕事《しごと》のことを考《かんが》えていてすごいなぁと思いました。

でも、ゆうだい君のお父さんは東京電力《とうきょうでんりょく》の社員《しゃいん》です。東電《とうでん》にはいろんな問題《もんだい》がありますす。そして僕たちは24時間《じかん》やっているお店《みせ》が増《ふ》えているので当《あ》たり前《まえ》のように電気《でんき》を使《つか》っています。それによって事故《じこ》や停電《ていでん》になったりしています。

東電は福島《ふくしま》の原発《げんぱつ》事故が起《お》きてからいろんな人達《ひとたち》にめいわくや心配《しんぱい》をかけています。前《まえ》のように一杯《いっぱい》電気が使えないです。地震《じしん》や放射能《ほうしゃのう》で福島県《けん》では校庭《こうてい》が使えなくなくて、運動会《うんどうかい》もできません。でもゆうだい君たちは運動会をやることができます。

僕は原発を早《はや》く直《なお》してほしいです。原発は危険《きけん》なものなので直しているとき被曝《ひばく》してしまうから早く直してほしいなぁと思います。福島でも地震がきて、海岸《かいがん》では津波《つなみ》がきて、たくさんの人が亡《な》くなっちゃったけど福島を早く直してほしいです。

……………T・T（小学四年生）

僕《ぼく》は3月《がつ》11日《にち》の大地震《だいじしん》で原発《げんぱつ》が壊《こわ》れたことを、ゆうだい君《くん》はお父《とう》さんが東電《とうでん》で働《はたら》いているから毎日小学生新聞《まいにちしょうがくせいしんぶん》に書《か》いたのだと思《おも》います。ゆうだい君によって世界《せかい》の人達《ひとたち》が考《かんが》えてくれるから、ゆうだい君は良《よ》いことをやったなと思いました。でも、僕は東電の人は悪《わる》いと思います。なぜかというと原発の人がちゃんと管理《かんり》していればこういうことには、ならなかったはずです。あと、東京人《とうきょうじん》も悪いと思いました。なぜかというと東京の人が被曝《ひばく》するかもしれないから、福島《ふくしま》に置《お》いてくれと言《い》って福島にお金《かね》をわたしてきました。だから僕はだめなんだと思うのです。

未来《みらい》につくるのには、3つの考えがあります。まず、1つめは、前《まえ》に考えた発《はっ》電《でん》プラントで、歩《ある》くと発電できるというものです。それは、今使《いまつか》うと、とても役《やく》に立《た》つと思います。2つ目《め》は、僕のいえでやっている節電《せつでん》で、暗《くら》くなった時《とき》だけ電気《でんき》をつけるようにするのです。3つ目は、ひまわりなどを植《う》えて、放射性物質《ほうしゃせいぶっしつ》をへらすようにします。かれてしまったら深《ふか》く土《つち》の穴《あな》をほって、そこにかれたひまわりを入《い》れます。そしてからうめるのです。

H・T（小学四年生）

僕《ぼく》はゆうだい君《くん》の言《い》いたい事《こと》は良《よ》く分《わ》かります。しかし、あの二回水素爆発《にかいすいそばくはつ》が起《お》きて、さらにメルトダウン、メルトスルーが起きて、「みんなが悪《わる》い」なんていうのはおかしいと思《おも》います。なぜなら、みんなが管理《かんり》しているわけじゃないし、管理しているのは東電《とうでん》なのだから東電が悪いと思います。あの水素爆発だって東電が管理しそこなったから起こったのだし、原発《げんぱつ》を止《と》める事にも何度《なんど》も失敗《しっぱい》してるし、早《はや》く知《し》らせる事が出来《でき》たのに遅《おく》らせてじょう報《ほう》を流《なが》すのはうそと同《おな》じだと思います。この事故《じこ》も津波《つなみ》の対策《たいさく》をきちんとしていればだいじょうぶだったのかもしれかもしれません。

次《つぎ》は自分《じぶん》の未来《みらい》をどうするかです。僕は、原子力《げんしりょく》ではなく、危険《きけん》ではない環境《かんきょう》にも良い発電《はつでん》を考《かんが》えたいです。そして事故防止《ぼうし》を呼《よ》びかけて自分達《たち》でも出来るような発電を考えたいです。

……………K・M（小学四年生）

ゆうだい君《くん》の手紙《てがみ》を読《よ》んで、たしかにそうだ。と、思《おも》いました。そして、わたしの家《いえ》では、できるだけ、せつ電《でん》しています。

でも、家族《かぞく》だけなので、友達《ともだち》とも話《はな》し合《あ》おうと思いました。

がんばれ
がんばれ
みんなならのりこえられる!!

わたしはニュースでも福島《ふくしま》はよくでていて、心配《しんぱい》です。この手紙を書《か》いている今《いま》も心配です。

じしんのえいきょうでたいへんですが、がんばってください。

ゆうだい君、そして福島のみなさん。がんばってください。わたしもおうえんしているよ！

阿蘇晴香（小学五年生）

こんにちは。ぼくは相模原市《さがみはらし》に住《す》んでいる小学五年生《しょうがくごねんせい》です。ゆうだい君《くん》の意見《いけん》にとても感心《かんしん》し、とても説《せつ》とく力《りょく》があると思《おも》いました。しかし、やはりぼくは東《とう》電《でん》が悪《わる》いと思います。東電は、わざわざ、きけんな原子力発電所《げんしりょくはつでんしょ》を作《つく》り、がんがん動《うご》かし、きけんを背負《せお》いながら、動かしています。なので、つ波《なみ》がくるとこわれて、今《いま》あるように、人《ひと》に害《がい》をあたえます。それにくらべて、火力《かりょく》発電、水力《すいりょく》発電、風力《ふうりょく》発電、などは、原子力発電にくらべぜんぜん事故《じこ》はありません。やはり東電、日本《にほん》は原子力発電にたよりすぎです。火力発電、風力発電、水力発電に信《しん》らいを置《お》き、どんどん使《つか》っていけば発電所はより安全《あんぜん》になり、発電所がこわれるという事故は無《な》くなるはずです。もう一つ、市民《しみん》の電気《でんき》の使いかたは、一日《にち》のテンポを早《はや》くすれば、朝《あさ》は電気はつかわず、夜《よる》、早《はや》くねれば、かなり電気をつかわなくてすむと思います。そのこともふまえたうえで一人《ひとり》一人《ひとり》の心《こころ》がけが大切《たいせつ》だと思います。

二〇一一年五月十八日

猪川洸太郎（小学五年生）

今《いま》、原発《げんぱつ》の事《こと》で色々《いろいろ》なことが、おこっている。

東京電力《とうきょうでんりょく》は、自分《じぶん》の家《いえ》へ帰《かえ》れなくなってしまった人達《ひとたち》に、頭《あたま》を下《さ》げて、「申《もう》しわけございませんでした。」とあやまっていくのが普通《ふつう》だと思《おも》う。東電《とうでん》の責任《せきにん》は重大《じゅうだい》だ。東電の社員《しゃいん》であればその責任は問《と》われるのは仕方《しかた》ないし、それが今の大人《おとな》の社会《しゃかい》のルールだろう。ゆうだい君《くん》が言《い》いたいことは、ものすごく伝《つた》わる。しかし、今はそんなことを言わないで、日本全体《にほんぜんたい》が力《ちから》を合《あ》わせて、なしとげるべきではないか。大阪《おおさか》から書《か》いていても、自分自身《じしん》は被災《ひさい》していないから、あまり言えないが。

もう一度《いちど》あえて東電に告《つ》ぐ。原発のせいで家へ帰れなくなった人にしっかりとあやまるべきだ。

梅原龍吾（小学五年生）

ぼくはゆうだい君《くん》の手紙《てがみ》のほとんどが正《ただ》しいと思《おも》います。しかし「原発《げんぱつ》を造《つく》らなければならなかったのは地球温暖化《ちきゅうおんだんか》を防《ふせ》ぐため」というのはおかしいと思います。たしかに原発なら二酸化炭素《にさんかたんそ》は出《で》ません。しかし、原発のタービン建屋《たてや》の中《なか》では燃料《ねんりょう》ぼうをくぐらせた熱湯《ねっとう》を海水《かいすい》で冷《ひ》やし、海水をそのまま海《うみ》にもどしています。これではただ海をあたためているだけだというのがぼくの意見《いけん》です。

佐原慈大（小学五年生）

私《わたし》は、ゆうだいさんの手紙《てがみ》を読《よ》んで、現実《げんじつ》を受《う》けとめて次《つぎ》へすすむために考《かんが》えられるなんて「すごい」と思《おも》いました。

　原子力発電所《げんしりょくはつでんしょ》を造《つく》ったのは「世界中《せかいじゅう》の人々《ひとびと》」という文《ぶん》に私は「ピン」ときました。電気《でんき》ばかりにたより続《つづ》けた私達《たち》がなぜ、東電《とうでん》の人《ひと》達にマイナス言葉《ことば》をいえるんだろう。私達だって無責任《むせきにん》であるのになぜ東電の人達に無責任と言《い》えるのだろう。

　一人一人《ひとりひとり》が東電の人達ばかりに文句《もんく》を言うのではなく、かこの自分《じぶん》たちの生活《せいかつ》をふりかえられたらいいと思いました。たしかに電気は便利《べんり》だし、安心《あんしん》できるけど、急《きゅう》に電気関係《かんけい》のじけんをすぐに電力会社《でんりょくがいしゃ》のせいにするのはおかしすぎます。

　自分達のせいでもあります。「電力会社のせいだ」なんていってるひまがあるなら、自分たちのできることをすればいいのです。だれか、なにかのせいにするのではなくて、自分達から実行《じっこう》する日本《にほん》、そして世界《せかい》になれば　こんなことにはならないと思います。

……………田村　鈴（小学五年生）

私《わたし》は群馬《ぐんま》県に住《す》む大沼桜です。今回《こんかい》のゆうだい君《くん》の手紙《てがみ》のきじを読《よ》み、いてもたってもいられなくなり手紙を書《か》きました。まず、意見《いけん》を述《の》べる前《まえ》に言《い》わせていただきます。

私は、別《べつ》に東電《とうでん》をひいきにしているわけでもなく、反原発《はんげんぱつ》と思《おも》っている人《ひと》の味《み》方《かた》というわけでもありません。ただ、私が望《のぞ》むのは地《じ》しんで家《いえ》をなくした人や家《か》族《ぞく》、友人《ゆうじん》、親《しん》せきを失《うしな》いつらい人などがまた笑顔《えがお》でくらせる日《ひ》がくることです。

では、意見を書きます。まず一番《いちばん》に感《かん》じたことはゆうだい君の意見はとてもすばらしいということでした。自分《じぶん》の意見をおしつけるのではなく東電はたしかにとんでもないことをしてしまったけれどなどをみとめた上《うえ》で言っていたことだと私は思います。

個人的《こじんてき》な意見から言うと、「原発はやめるべきだ」という意見は、原発をひていしているだけで、これからどうやって電気《でんき》を作《つく》るのかなど、もし原発を全《すべ》て止《と》めたときの具体的《ぐたいてき》な方法《ほうほう》などがありません。それではこの先《さき》どうしていいかわかりません。私は、それがなっとくいかないのです。

政治《せいじ》でも「○○××は中止《ちゅうし》すべきだ」「△△はじにんしろ！」というようなことは、よく聞《き》きます。それなら「○○××を中止したあとに△△☆☆を代《か》わりに使《つか》ったほうが良《よ》い」こちらのほうが「うーん」となりませんか？

「なるほど‼」と思いませんか？

私は具体的な例《れい》を上《あ》げた上で反対《はんたい》、賛成《さんせい》してもらいたいです。

最後《さいご》に。私も、みんなで話《はな》し合《あ》ってよく考えて解決《かいけつ》さくを上げてもらいたいです。

今《いま》、日本《にほん》は最大《さいだい》の危機《きき》に落《お》ち入《い》っています。

私は＋《プラス》に考えました。↓今は、日本人同《にっぽんじんどう》しが、世界中《せかいじゅう》がつながる、まとまるチャンスです‼

みんなで力《ちから》を合わせて危機を乗《の》りこえていきましょう。

…………大沼 桜（小学六年生）

私《わたし》は、ゆうだい君《くん》の手紙《てがみ》を読《よ》んで、今《いま》までの新聞《しんぶん》やニュースなどを見《み》て、初《はじ》めは「東京電力《とうきょうでんりょく》が悪《わる》い」と思《おも》いました。でもゆうだい君の手紙では、「みんなも無《む》責任《せきにん》だ」と書《か》いてありました。

私も、ゆうだい君の手紙を読んで、東京電力だけが悪いわけではないと気《き》づきました。

テレビでひなん所《じょ》の人々《ひとびと》が、東京電力に怒《おこ》っているところを見ました。福島第《ふくしまだい》一原子力発電所《いちげんしりょくはつでんしょ》の事故《じこ》で、苦《くる》しんでいる人はたくさんいます。ゆうだい君のお父《とう》さんのように、危険《きけん》ととなり合《あ》わせで、福島第一原子力発電所をなおそうとしている人もたくさんいます。だから、東京電力がすべて悪いわけではありません。こういう事態《じたい》だからこそみんなで、電気《でんき》の使《つか》い方《かた》についてなど話《はな》し合《あ》うべきだと思いました。

丹羽　梓（小学六年生）

毎日小学生編集部《まいにちしょうがくせいへんしゅうぶ》のみなさんへ

ゆうだい君《くん》の「みんなで考《かんが》える」という意見《いけん》には大賛成《だいさんせい》です。今回《こんかい》の震災《しんさい》は、全国民《ぜんこくみん》が力《ちから》を合《あ》わせて乗《の》り越《こ》えなければならないのです。

でも、東電《とうでん》の社員《しゃいん》ばかりに責任《せきにん》があるのではないと言《い》いたいような、ゆうだい君の考え方《かた》は甘《あま》いと思《おも》います。

原子力《げんしりょく》をやめて、新《しん》エネルギー（太陽光発電《たいようこうはつでん》など）を開発《かいはつ》していく方向性《ほうこうせい》はもっと実行《じっこう》してほしいし、日本人《にっぽんじん》のぜいたくな生活《せいかつ》を変《か》えていくことも必要《ひつよう》です。しかし、全国の原子力発電所《げんしりょくはつでんしょ》を縮少《しゅくしょう》もしくは廃止《はいし》するのであれば、ゆうだい君のお父《とう》さんを含《ふく》む、そこで働《はたら》いている人達《ひとたち》の多《おお》くが失業《しつぎょう》してしまうことになるでしょう。今《いま》の東電の一挙一動《いっきょいちどう》が、今後《こんご》の日本《にほん》の原子力発電の在《あ》り方《かた》を決定《けってい》づけていくのです。

ゆうだい君のお父さんや東電の社員は、職務《しょくむ》を全《まっと》うすべくプロ意識《いしき》を持《も》って行動《こうどう》をするのは当然《とうぜん》だと思います。

僕《ぼく》の父《ちち》は、国家公務員《こっかこうむいん》です。東電だけではなく、仙台空港《せんだいくうこう》、福島《ふくしま》空港など、航空局《こうくうきょく》をはじめ、海上保安庁《かいじょうほあんちょう》などで働く国家公務員も命《いのち》がけで職務を全うしているのです。

しかも、今回の震災で国家公務員の給料《きゅうりょう》が一割《わり》カットされようとしています。国家公務員の給料をカットすることは、手《て》っ取《と》り早《ばや》く、国民の反対《はんたい》もでないので政府《せいふ》にとって実行しやすいのでしょう。しかしこれも被災《ひさい》された人たちのために使《つか》われるのであれば、仕方《しかた》のないことだと思います。たとえ誰《だれ》からも評価《ひょうか》されなくても、父は自分《じぶん》の仕事《しごと》に誇《ほこ》りを持《も》っています。ゆうだい君のお父さんもそうでしょう。少しくらいマスコミや評論家《ひょうろんか》に批判《ひはん》されても（その人たちの仕事はそういうものです。）自信《じしん》をもって持てる力《ちから》を発揮《はっき》してほしいです。

大変《たいへん》なのは東電の人ばかりではないのです。

僕たちは毎日勉強《べんきょう》できる環境《かんきょう》、毎少《まいしょう》を講読《こうどく》できることに感謝《かんしゃ》して、今僕たちにできることを精一杯《せいいっぱい》やって、いつか日本の役《やく》に立《た》つ大人《おとな》になりましょう。

これがゆうだい君への僕なりにまとめた意見です。ここまで読《よ》んでくれてありがとうございました。

帯屋直希（小学六年生）

東電含《とうでんふく》め原発《げんぱつ》にたずさわる人《ひと》は悪《わる》くない。

ぼくは東電などの原発事故《じこ》で主《おも》に責任《せきにん》がある人ばかりを責《せ》めるのはよくないと思《おも》う。なぜなら僕《ぼく》はせいいっぱいやっているように見《み》えました。それにゆうだい君《くん》の言《い》う通《とお》り責任は皆《みんな》にあるはずの物《もの》をたまたま関係《かんけい》した人を責めて何《なん》だかみにくいような感《かん》じがします。

同《おな》じように国会《こっかい》の中《なか》で政府《せいふ》や菅首相《かんしゅしょう》に責任をおしつけているように見えます。僕はマスコミや評論家《ひょうろんか》の人が批判《ひはん》ばかりで、前向《まえむ》きな意見《いけん》を言う事《こと》をめったに見かけません。そういう事は悲《かな》しすぎます。

でも被災地《ひさいち》では助《たす》け合《あ》って生《い》きているじゃないですか。それなのに助ける側《がわ》がもめてどうするんですか、今《いま》こそ各々《おのおの》が自分《じぶん》の責任を感じて和《わ》の国日本《くににほん》が思いやりや、助け合いがあふれて、未来《みらい》が明《あか》るくなるようにする時《とき》だと思います。

久保光平（小学六年生）

こんにちは。私《わたし》はこの前学校《まえがっこう》の授業《じゅぎょう》で、スピーチをしました。その内容《ないよう》は、「原発《げんぱつ》を止《と》めて」とうったえている人《ひと》について、今《いま》すぐに原発を止めることには反対《はんたい》、という意見《いけん》を出《だ》しました。けれどもクラスの中《なか》には、原発は止めた方《ほう》が良《よ》いというスピーチをした人もいました。この2つの意見《いけん》には、どちらが正《ただ》しい、間違《まちが》っているというのはありません。いろいろな立場《たちば》があり、それぞれの立場にはそれぞれの見方《みかた》があるからです。だから、ゆうだい君《くん》の言《い》うようにみんなで話《はな》し合《あ》うことはとても大切《たいせつ》だと私は思《おも》います。話し合いをすれば、いろいろな立場の人の意見が聞《き》けて、その人たち全《すべ》てがなっとくできる案《あん》が出《で》てくると考《かんが》えられます。すでにこの「ゆうだい君の手紙《てがみ》」のコーナーで「意見交《こう》かん」という話し合いの一部《いちぶ》が行《おこな》われています。けれど逆《ぎゃく》に言えばまだ話し合いの中《なか》の「意見交かん」しか行われていないということです。この「意見交かん」がもっと大《おお》きくなって、本格的《ほんかくてき》な話し合いに発展《はってん》したら良いと思います。

もう1つ、被災地《ひさいち》での復興《ふっこう》について、私は震災以前《しんさいいぜん》より便利《べんり》にするよりも被災した人のことを考えて復興した方が良いと思います。便利さを追求《ついきゅう》せずに、被災地の人の要望《ようぼう》を聞くなどして、今までの雰囲気《ふんいき》を大切《たいせつ》に復興を進《すす》めてほしいです。

ペンネーム　ミッチ（小学六年生）

ゆうだい君《くん》へ

まず私《わたし》は、ゆうだい君の勇気《ゆうき》に感動《かんどう》しました。

お父《とう》さん達東電社員《たちとうでんしゃいん》が、ゆうだい君のような意見文《いけんぶん》を新聞《しんぶん》に出《だ》したら、それこそマスコミにたたかれるでしょう。これは、ゆうだい君のような「家族《かぞく》が東電社員」という立場《たちば》にある人《ひと》だけが書《か》ける文《ぶん》です。しかし、ゆうだい君は東京都《とうきょうと》にお住《す》まいのようですから、福島《ふくしま》の現状《げんじょう》が分《わ》かってないです。東京から「放射能《ほうしゃのう》が……」と言《い》って遠《とお》くへ行《い》く人はいないでしょうが、こちら、原発《げんぱつ》から遠くはなれ、なんの影《えい》きょうもない会津《あいづ》からも、一時《いちじ》ひなんをする人がいたくらいです。

そしてゆうだい君は北村龍行《きたむらりゅうこう》さんを批判《ひはん》していますが、あの文はしかたないことだと思《おも》います。だってゆうだい君達東電社員の家族の方《かた》などが、毎小《まいしょう》を講読《こうどく》してる可能性《かのうせい》はごくわずかです。そのわずかな人をかばって日本全体《にほんぜんたい》から批判を受《う》けるより、被害《ひがい》を受けた人たちの気持《きも》ちをくんで、あのような文を書いたほうが、私には能《のう》がある人のやることと思えます。

あと、大阪府堺市《おおさかふさかいし》に住んでらっしゃるU・R君。東電はちゃんと謝罪《しゃざい》しています。ひなん所で土下座《どげざ》もしています。謝罪をちゃんとした今《いま》、やるべきことは解決《かいけつ》へ前進《ぜんしん》することです。ゆうだい君、そのお父さん、がんばれ!!

……………星　明里（小学六年生）

私《わたし》はゆうだい君《くん》の手紙《てがみ》を読《よ》んで、お父《とう》さんが東京電力《とうきょうでんりょく》の社員《しゃいん》と書《か》いてあったので、とてもびっくりしました。でもゆうだい君のお父さんはがんばっているんだなと思《おも》いました。テレビで東京電力の人《ひと》にどげざしろとおこったり、はやく住民《じゅうみん》の安全《あんぜん》を確保《かくほ》しろとつよく言《い》ったりしている人を見《み》たことがあります。でも私は電力会社《かいしゃ》がないと電気《でんき》もつかないし、ゲームもできないし、テレビも見れないのですごく私達《わたしたち》の生活《せいかつ》にかかせない人たちだと思います。東京電力の人にどげざしろと言ったりしている人たちも電気がないと生活ができません。だから言えるたちばではないと思います。あと原発事故《げんぱつじこ》は自然災害《しぜんさいがい》でおきた事故なのでしかたがないと思います。

A・K（小学六年生）

ゆうだい君《くん》へのお手紙《てがみ》

私《わたし》はゆうだい君の書《か》いた手紙を新聞《しんぶん》で見《み》ました。ゆうだい君が書いていることは正《ただ》しいと思《おも》います。私と同《おな》じ小学六年生《しょうがくろくねんせい》の子《こ》がこんな考《かんが》え方《かた》をするなんてすごいなと思いました。確《たし》かに新聞やニュースでは「とても危険《きけん》な状態《じょうたい》だ。」とか言《い》うけどだれも動《うご》こうとはしていません。

私は、福岡県《ふくおかけん》に住《す》んでいて、地震《じしん》の影響《えいきょう》はありませんでした。しかし、テレビなどのニュースで見ていると、とても悲《かな》しいものでした。原発《げんぱつ》の話《はなし》もたくさん聞《き》きました。新聞でも、読《よ》みました。

ゆうだい君のお父さんが東電《とうでん》の社員《しゃいん》だと聞いて、ゆうだい君はお父さんの一生《いっしょう》けん命《めい》な所《ところ》を見ていると思います。今《いま》、東北《とうほく》の人々《ひとびと》はとてもがんばっています。でもそうでない人たちは電気《でんき》をつけっぱなしにしたり、ゲームを夜遅《よるおそ》くまでしたりと電気のむだづかいをたくさんしています。ゆうだい君の言う通《とお》り、原発について、みんなで話《はな》し合《あ》って決《き》めるべきだと思います。私は、もう何年《なんねん》かたてば、みんなの記憶《きおく》から地震《じしん》のことは、消《き》えていくと思います。でも、忘《わす》れずにこの地震で学《まな》んだことを大切《たいせつ》にしていきたいと思います。

深川真由（小学六年生）

今《いま》、わたしたちにできること
ぼくたちにできることは支援物資《しえんぶっし》や応援《おうえん》したりするだけではない。まずは、節電《せつでん》からはじめる。少《すこ》しでも節電すれば電気《でんき》がむだにならず、東北《とうほく》のみんなも喜《よろこ》べると思《おも》います。今の日本《にほん》は余震《よしん》などが続《つづ》いているけど、あきらめないで最後《さいご》までがんばり、いつか明《あか》るい日本になれるようにみんなでがんばる、それが日本のいいところです。

みんなは東京電力《とうきょうでんりょく》のせいなどにしているけど、ぼくはゆうだい君《くん》の手紙《てがみ》を読《よ》んで思いました。「なぜ東電《とうでん》のせいにするのか」。でも、ぼくはそれはちがうと思います。なぜならそんなに東電のせいにしたら社員《しゃいん》たちが不安《ふあん》を持《も》ち、最悪《さいあく》の場合《ばあい》、やめないといけない。でもそうしたらゆうだい君のお父さんがかわいそうだと思う。だから何《なん》でも東電のせいにせず、まずはなにか人《ひと》に役立《やくだ》つことから未来《みらい》が変《か》わると思います。
がんばれ東北!!

……………伊藤 響(小学六年生)

中学生《ちゅうがくせい》からの手紙《てがみ》

私《わたし》は、原発事故《げんぱつじこ》は、神《かみ》さまのくれたチャンスだと思《おも》っています。

今《いま》、みんなは節電《せつでん》をしていて、地球温暖化《ちきゅうおんだんか》も少《すこ》しは、落《お》ち着《つ》いていると思います。そうすれば、原子力発電所《げんしりょくはつでんしょ》はいらなくなります。つまり、私は、発電所はいらないと思います。こんな不安定《ふあんてい》な世《よ》の中《なか》を作《つく》ったのは私達《わたしたち》だからです。

節電して、発電所を作らず、すごくイイ世の中を期待《きたい》しています。

最後《さいご》に、私も、ゆうだい君《くん》と同《おな》じ意見《いけん》です。みんなが無責任《むせきにん》であり、みんなで話《はな》し合《あ》って決《き》めるべきだと思います。
今以上《いじょう》に節電を心《こころ》がけたいと思います。話《はなし》がズレてると思いますがこう思いました。

…………荒井菜々（中学一年生）

ゆうだい君《くん》の手紙《てがみ》を読《よ》んで思《おも》うこと

学校《がっこう》から帰《かえ》っていつも新聞《しんぶん》を読むのが私《わたし》の習慣《しゅうかん》です。5月《がつ》18日《にち》もいつも通《とお》り、読み始《はじ》めました。そのとき、ゆうだい君の手紙を読んで深《ふか》く感動《かんどう》しました。
確《たし》かに、よく考《かんが》えてみると、福島原子力発電所《ふくしまげんしりょくはつでんしょ》で働《はたら》いている東電《とうでん》の方《かた》も、被災《ひさい》者《しゃ》のような生活《せいかつ》をしながら、日本《にほん》のために働いてくれていることに気《き》づきます。原発《げんぱつ》で働いている方々《かたがた》になぜ、世《よ》の中《なか》はあまり目《め》を向《む》けないのだろう。なぜ批判《ひはん》ばかりして、協力《きょうりょく》しようという心《こころ》を持《も》てないのだろう。私《わたし》はとても不思議《ふしぎ》です。体《からだ》に大《おお》きな害《がい》をもたらす放射線《ほうしゃせん》をたくさんあびて、働いてくれる方々もヒーローの一人《ひとり》ではないでしょうか。政府《せいふ》だって、東電だって、支援者《しえんしゃ》、ボランティアの人《ひと》だって、同《おな》じ一生《いっしょう》けん命《めい》考《かんが》えて活動《かつどう》している〝善者《ぜんしゃ》〟ではないですか。

以前《いぜん》、小学校《しょうがっこう》の学級会《がっきゅうかい》で教《おそ》わったことが一点《いってん》あります。

「反対《はんたい》する場合《ばあい》は、反対する理由《りゆう》と今後《こんご》どうすればいいかを述《の》べる。」

ということです。

今《いま》は、それに〝行動《こうどう》〟をプラスして、日本全体《ぜんたい》が団結《だんけつ》し、意見《いけん》を出《だ》し合《あ》うべきと思います。

しかし、だからといって東電や政府には責任《せきにん》はないという訳《わけ》ではないのです。しっかり責任感《かん》を持ち、被災者の方々がどうすれば安全《あんぜん》に暮《く》らせるか、常《つね》に考えてもらいたいです。最近《さいきん》よく聞《き》く「責任をとって辞任《じにん》させて頂《いただ》きます。」では逃《に》げるのと同じ。責任をとるというのは、自分《じぶん》の責任で起《お》こしてしまったことをしっかりと解決《かいけつ》することだと思います。

また、ゆうだい君が書《か》いていた〝話《はな》し合うこと〟というのは、まさに新聞ではないでしょうか。私達《たち》子供《こども》が意見を出し合い、大人《おとな》に発信《はっしん》すれば、小学生新聞《しょうがくせい》を読んでいる子供〜大人までに伝《つた》わり、その人《ひと》達が他《ほか》の人に話《はな》せば、もっと広《ひろ》がっていく…。と私は思います。

それと同じくらい大切《たいせつ》なことは資源《しげん》を節約《せつやく》することだと思います。ゆうだい君に共感《きょうかん》です。今、モノを無駄《むだ》にすることは被災していいる方に失礼《しつれい》にあたると思います。

募金《ばきん》だって、心《こころ》のこもった募金が大切だと思います、金額《きんがく》ではなく心です。

「あー、おつりでたから募金しよう。」

というのはとても悲《かな》しいと思います。

私の中学《ちゅうがく》はキリスト教《きょう》の学校で、いつも被災された方のため祈《いの》っています。どうか一人でも多《おお》くの方がいやされますように。

……………高林陽子（中学一年生）

毎日小学生新聞編集部《まいにちしょうがくせいしんぶんへんしゅうぶ》・ゆうだい君《くん》へ

5月《がつ》18日《にち》（水《すい》）の毎小《まいしょう》の1面《めん》の、ゆうだい君の手紙《てがみ》を読《よ》んで意見《いけん》をもったので、中《ちゅう》1ですが書《か》かせてもらいます。

事故《じこ》のことを聞《き》いてから、私《わたし》は正直《しょうじき》おかしいと思《おも》いました。なぜかというと、どうして東京《とうきょう》の電力会社《でんりょくがいしゃ》の発電所《はつでんしょ》が、福島《ふくしま》にあるのか、と思ったからです。おかしいと思いませんか？　東京の人《ひと》たちが使《つか》う電気《でんき》を、福島でつくっている。そのせいで、福島の人たちは被害《ひがい》を受《う》けている。地震《じしん》が起《お》こるのは、誰《だれ》にも止《と》められないし、自然《しぜん》の力《ちから》だから文句《もんく》は言《い》えませんが、福島に東電《とうでん》の発電所があるのは、私はおかしいと思います。

友達《ともだち》や知《し》り合《あ》いの人たちとも話《はな》し合《あ》いましたが、ゆうだい君の言っている通《とお》り、おそくまでパチンコなどのゲームをしたり、ムダな電気を使ったりしなければ、たくさん電気を使わなくてすむのです。

私がよく行く美容院《びよういん》の美容師《びようし》さんは、こう言っていました。

「夜《よる》は暗《くら》いもの。昼間《ひるま》のように明《あか》るくして遊《あそ》ぶのではなく、夜は家《いえ》で寝《ね》るんだよ」と。

確《たし》かに、いろいろ事情《じじょう》があるかもしれません。でも、私はこの美容師さんの言っている通りだなと思いました。だから、夜にたくさん電気を使ったり、遊んだりしないようにしてほしいです。私も、節電《せつでん》を心《こころ》がけています。学校《がっこう》の友だちも、みんな協力《きょうりょく》しています。だから大人《おとな》の人たちも、協力してほしいです。みんなで乗《の》りきっていきましょう。

……………加藤奈々子（中学一年生）

毎日小学生新聞編集部様《まいにちしょうがくせいしんぶんへんしゅうぶさま》

5月《がつ》11日《にち》のゆうだい君《くん》からの手紙《てがみ》について意見《いけん》を言《い》いたくなり、送《おく》らせてもらいました。私《わたし》は残念《ざんねん》ながら中学《ちゅうがく》2年生《ねんせい》なので、小学生《しょうがくせい》の意見ではありません。ですが、中学生の私の意見でも聞《き》いて下《くだ》されば……と思《おも》い、送ります。

今《いま》、原発《げんぱつ》が大変《たいへん》な中《なか》でも、私達《たち》は沢山《たくさん》の電気《でんき》を使《つか》っています。家《いえ》、学校《がっこう》、お店《みせ》、道《みち》。あらゆるところで電気を使い、電気がないと生活《せいかつ》できないくらいです。私も電気はとても便利《べんり》だと思うし、電気があるから安心《あんしん》して生活できると思います。でも、それに慣《な》れていいのかと思います。当《あ》たり前《まえ》になっていいのでしょうか。電気が当たり前ということは、電気がないと何《なに》もできないということです。

ゆうだい君の言うとおり、そこに気付《きづ》かずムダ使《づか》いをするばかりで、電力会社《でんりょくがいしゃ》にまかせっぱなしにしておきながら、こういう時《とき》になって、「電力会社が無責任《むせきにん》だ」というのは、日本国民《にっぽんこくみん》、それこそ世界中《せかいじゅう》の人々《ひとびと》に問題《もんだい》があり、世界中の人がよく考《かんが》えて見直《みなお》さなければならない大きな課題《かだい》です。

考えてみて下さい。電気がなくなったらどうなりますか。みなさんが今生活している周《まわ》りをみわたして、どれだけの電気を使っていますか？　それを今、すべて消《け》したらどうなりますか？　関東《かんとう》のみなさんは、計画停電《けいかくていでん》でどうなるか分《わ》かると思いますか、まっ暗《くら》ですよね。まして夜《よる》なんかだったら本当《ほんとう》にまっ暗です。でもそれが本当の地球《ちきゅう》の姿《すがた》です。ほんの何《なん》十年《ねん》か前はそういう生活をしていたのです。

でも今は、電力を供給《きょうきゅう》する会社までできて、その会社からもらう給料《きゅうりょう》で生活する人までできてしまいました。ゆうだい君のお父さんには失礼《しつれい》かもしれませんが、その電気がないと生活できないということは、ある意味《いみ》、電気がないと便利な生活ができないということでもあるけれど、みんなが節電《せつでん》したら給料が減《へ》ってしまう人達がいるということでもあります。

だから電気はすぐにはなくせないわけです。それで生きている人がいるからです。

原発の問題については、私は反《はん》原発派《は》です。

確《たし》かに電気はあってほしいけれど、放射能《ほうしゃのう》という目《め》に見《み》えない危険《きけん》をおかしてまでする必要《ひつよう》はないと思います。

原子力《げんしりょく》に人間《にんげん》がつけこまれてしまったのは、本当によくなかったと思います。

でも、そこまで電力会社をおいつめてきたのは私達国民です。子供《こども》だからなんて関係《かんけい》なく、国民全員《ぜんいん》です。

私が話したように、電気をみんなが使うことによって生活している人も沢山《たくさん》いますから、そう簡単《かんたん》に、電気（原発）からのがれることはできないでしょう。

でも少《すこ》しずつ、少しずつでいいから、電気にたよらない生活を心《こころ》がけてみればいいと思います。スーパーに行ったら、エスカレーターやエレベーターを使わないで階段《かいだん》を使ったり、できることは沢山あります。

そういうことに人間が気付《きづ》いていくのにも時間《じかん》がかかると思いますが、気付いた人から、実践《じっせん》してみるといいと思います。

渡辺智香（中学二年生）

毎日小学生新聞編集部様《まいにちしょうがくせいしんぶんへんしゅうぶさま》

ゆうだい君《くん》の手紙《てがみ》には、２度目《どめ》ですが送《おく》らせていただきます。

私《わたし》は人《ひと》を疑《うたが》ったりすることはキライです。だから、東電《とうでん》が言《い》うことや政府《せいふ》の言うことを、できるだけ信《しん》じたいと思《おも》います。でも、世《よ》の中《なか》はそううまくできていません。東電《とうでん》や政府の言うことは信じられないことが沢山《たくさん》ありますし、実際《じっさい》、矛盾《むじゅん》している事《こと》もあって、どれが本当《ほんとう》で、どれがまちがっているのか全《まった》く分《わか》りません。

けれどもだからこそ、自分《じぶん》の意見《いけん》をしっかりもつべきです。もっていなければ、それこそ無責任《むせきにん》です。そういう人が、こういう時《とき》に「東電が無責任だ」、「政府が信じられない」と言い出《だ》します。だから、自分の信じられることを探《さが》して、知《し》って、意見をもてばいいのです。「知らない」ということは、それこそ本当に無責任です。でも、私たちはこんなことがおきるまで、原発《げんぱつ》のことや東電のことなど、知るよしもありませんでした。だから、「今《いま》」知って、自分が原発を推進《すいしん》するのか、反対《はんたい》するのか、しっかり決《き》めるべきです。ニュースや子供新聞《こどもしんぶん》だけでなく、一般《いっぱん》の新聞も読《よ》んで、分《わ》からないところは周《まわ》りの大人《おとな》に聞《き》いてもいいと思います。

沢山のことを知って、理解《りかい》したうえで決めて下《くだ》さい。そしてこれは節電《せつでん》にはなりませんが、パソコンを使《つか》えばインターネットで沢山の情報《じょうほう》を得《え》ることができます。小学生の人たちは、まだ1人では使えなかったりすると思うので、大人の人と一《いっ》緒《しょ》に30分《ぷん》、15分《ふん》でいいので、毎日自分が不思議《ふしぎ》に思ったことを調《しら》べてみるといいと思います。知るというのは楽《たの》しいことです。だから、勉強《べんきょう》ということも知ることのひとつです。

少しの人でもいいから、できるだけ多くの人が世の中の沢山の情報に流《なが》されることなく、自分の意見をもてば、いい方向《ほうこう》に向《む》かっていけるのではないでしょうか。

……………渡辺智香（中学二年生）

高《こう》校《こう》生《せい》・大《だい》学《がく》生《せい》からの手《て》紙《がみ》

ゆうだい君《くん》の手《て》紙《がみ》を読《よ》みました。私《わたし》も上手《うま》く言《い》えないものの、日々《ひび》の原発関連《げんぱつかんれん》のニュースを見《み》ながら、言葉《ことば》にできない違和感《いわかん》を胸《むね》に抱《いだ》いていました。

確《たし》かに東電《とうでん》は、この非常時《ひじょうじ》に大事《だいじ》なことを隠《かく》していたり嘘《うそ》の報告《ほうこく》でうわべをとりつくろっていたりする面《めん》で東電の非《ひ》も認《みと》めざるを得《え》ない状況《じょうきょう》にあります。ですが、福島《ふくしま》原発事故《じこ》が起《お》きたのは、東電のせいではありません。自然災害《しぜんさいがい》のせいです。それを東電が全《すべ》て悪《わる》いとのような言《い》い方《かた》をし責任《せきにん》を押《お》しつけている様《よう》な異様《いよう》な空気《くうき》が日本全体《にほんぜんたい》に見受《みう》けられます。それは、マスコミやメディアが作《つく》ったムードだと私は思《おも》います。

私達人間《たちにんげん》は歴史上《れきしじょう》でもたくさんの過《あやま》ちを犯《おか》してきました。だけどその度《たび》立《た》ち直《なお》り、同じ過ちを繰《く》り返《かえ》さない様方策《ようほうさく》を立てています。二度《にど》の世界大戦故《せかいたいせんゆえ》の「平和《へいわ》主義《しゅぎ》」がよい例《れい》です。今《いま》はそのチャンスなのではないでしょうか。原発を立てたことは、もうどうしようもならない現実《げんじつ》であるのに、立てたことを責《せ》めるのはお門違《かどちが》いです。過去《かこ》は変《か》えられないから私達は進《すす》んでいけるのです。今は原発の安《あん》全性《ぜんせい》を見《み》直し、どうすべきか世界の問題《もんだい》として扱《あつか》うべきなのに、東電ばかりを責《せ》めていても解決《かいけつ》しません。今は、そんなことをしている場合《ばあい》じゃない、目《め》の前《まえ》の問題にどう立ち向《む》かうかが最重要《さいじゅうよう》なのに誰《だれ》かを責めて悪者《わるもの》にするのは間違《まちが》っています。被災者《ひさいしゃ》の方は謝罪《しゃざい》の言葉《ことば》より明《あか》るい未来《みらい》が欲《ほ》しいというのがわからないのでしょうか。こんな事態《じたい》でもテレビで水《みず》かけ論《ろん》をやめない大人達《おとなたち》を見ていると情《なさ》けなく思います。

匿名（高校三年生）

拝啓《はいけい》

5月《がつ》20日《にち》のじぶん毎日《まいにち》RTに掲載《けいさい》されていた、ゆうだい君《くん》の手紙《てがみ》の記事《きじ》を拝見《はいけん》させて頂《いただ》き、手紙を送《おく》ってくださいとの言葉《ことば》に甘《あま》え、今回書《こんかいか》かせて頂いています。

普段《ふだん》手紙を書く機会《きかい》もなくメールばかりのため、手紙の形式等《けいしきとう》がめちゃくちゃで大変申《たいへんもう》し訳《わけ》なく思《おも》いますが、ご容赦《ようしゃ》くださいますようお願《ねが》い申《もう》し上《あ》げます。

さて、本題《ほんだい》へと移《うつ》らせて頂きます。

私《わたし》は、22歳《さい》の大学《だいがく》4年生《ねんせい》です。ゆうだい君の手紙を読《よ》んだ時《とき》まず「今《いま》の12歳はこんな難《むずか》しい事《こと》を思うんだ！」と自身《じしん》が12歳の頃《ころ》と比《くら》べ、驚《おどろ》きを隠《かく》せませんでした。「無責任《むせきにん》」とか使《つか》った事あったかな…と思います。そして的確《てきかく》な問題提起《もんだいていき》に私も日々《ひび》ニュース等《とう》を見《み》て感《かん》じる事を書き起《お》こしてみようかな、と勇気《ゆうき》をもらいました。

率直《そっちょく》に言《い》うと、私は「原発《げんぱつ》は必要《ひつよう》である」と思っています。

それは、東電《とうでん》を擁護《ようご》していると人《ひと》によっては受《う》けとられるかもしれませんが、そういったわけではありません。私も東電側《がわ》にも様々《さまざま》な落《お》ち度《ど》があったろうと感じています。ならばなぜ「必要」だと思うのか。

それは、実質《じっしつ》原発に頼《たよ》らなければ生活《せいかつ》ができないという現実《げんじつ》が目《め》の前《まえ》にあるからです。

ニュースや新聞《しんぶん》で「原発を今すぐ止《と》めろ」といった意見《いけん》を目にする事はもはや珍《めずら》しい事ではありません。けれど頭《あたま》ごなしに止めろと言っている人々《ひとびと》は今の現状《げんじょう》をよく理解《りかい》していないのでは、と思うのです。

実際《じっさい》問題、日本《にほん》では原発が主《しゅ》となり電気《でんき》を作《つく》り出《だ》し活用《かつよう》している国《くに》です。一カ所《いっかしょ》の原発が止まってしまっただけで始《はじ》まった節電《せつでん》の嵐《あらし》は今後《こんご》治《おさ》まる気配《けはい》がわからず、これから来《く》る暑《あつ》い夏場《なつば》への懸念《けねん》も高《たか》まるばかり。個人的《こじんてき》に電車《でんしゃ》のエアコンが弱《よわ》まったのがとてもつらいところです…。これでさらに他《ほか》の原発も止まったりしたら…と思うとちょっと恐《おそ》ろしいくらい。そう考えると現代人《げんだいじん》は電気に依存《いぞん》していると感じる反面《はんめん》、電気がとても大切《たいせつ》なものであると実感《じっかん》します。節電で電気を使う事は減《へ》らせても完璧《かんぺき》絶《た》つ事はできない。

何が言いたいのかわからなくなりそうなので、結論《けつろん》から言ってしまうと、「原発止めろ」と言っている人間は電気を使う資格《しかく》がないという事です。けれど、今の世《よ》の中《なか》電気を使わず生《い》きていくなんて本当《ほんとう》の自給自足《じきゅうじそく》な生活をするしかない。そんな覚悟《かくご》もなくただマスコミの煽《あお》りを真《ま》に受《う》けて批判《ひはん》している人はもっと視野《しや》を広《ひろ》げ、自分《じぶん》が日常《にちじょう》生活を送るための恩恵《おんけい》をどこから得《え》ているか受《う》け止めるべきではないかと私は思います。

以前《いぜん》Twitterで「俺《おれ》が生きてる間《あいだ》で、石炭《せきたん》、石油《せきゆ》、原発とめまぐるしく生活していく原料《げんりょう》が変《か》わっていったんだ」と祖父《そふ》が言っていた、というツイートを目にした事があります。確《たし》かに目まぐるしい変化《へんか》の中で私達は長《なが》い間《あいだ》原発に甘えすぎたのかもしれません。そして、この震災により原発から新しいエネルギーを考え、作り出《だ》す節目《ふしめ》に差《さ》しかかったのだと思います。今すぐ原発を止めるのではなく、徐々《じょじょ》に代《か》わりのエネルギーに移行《いこう》していくのが一番《いちばん》の妥協案《だきょうあん》なのでは？　というのが私の意見《いけん》であり想《おも》いです。

しかし、私自身東京《とうきょう》で暮《く》らしており、原発の近《ちか》くで生活していないから言えるのかもしれません。当事者《とうじしゃ》にならなければわからない事もたくさんあると思います。そして、今回の福島第一原発《ふくしまだいいちげんぱつ》のエネルギーは他《ほか》でもない東京で暮らしている人々の為《ため》です。それを思うと、原発事故《じこ》により避難《ひなん》されている方々に対し申し訳ない気持《きも》ちで一杯《いっぱい》です。

これ以上《いじょう》被害《ひがい》が大きくならないよう心から祈《いの》っています。

汚《きたな》く幼稚《ようち》な文面《ぶんめん》で言いたい事がちゃんと伝わっているか、と問《と》われれば自信《じしん》がありません。けれど、ひとつの意見として伝わっていればと切《せつ》に願《ねが》います。ここまで読んで頂いた事にお礼《れい》を言うと共《とも》に、長文、乱文失礼致《らんぶんしつれいいた》しました。

敬具《けいぐ》

……………岩本沙季（大学四年生）

おとなからの手紙《てがみ》

東電《とうでん》の社員《しゃいん》をお父《とう》さんに持《も》つあなたへ
5月《がつ》20日付《にちづけ》の毎日新聞《まいにちしんぶん》に掲載《けいさい》されたあなたの文章《ぶんしょう》を読《よ》み、とても深《ふか》く考《かんが》えていることにおどろきペンを取《と》りました。

今《いま》この国《くに》で起《お》こっている原子力発電所《げんしりょくはつでんしょ》の問題《もんだい》、あなたの言《い》っている通《とお》りだと思《おも》います。

大人《おとな》たちは毎日のように、「東京電力《とうきょうでんりょく》が悪《わる》い」「政府《せいふ》が悪い」「補償《ほしょう》はどうする」と言い争《あらそ》い、誰《だれ》かの責任《せきにん》にしようと躍起《やっき》になっています。そう、無責任《むせきにん》にも、自《じ》分《ぶん》だけは悪くないことを信《しん》じながら……。

しかし、あなたが指摘《してき》しているように、結局《けっきょく》のところ、原発《げんぱつ》をつくったのはこの国の、そして科学技術《かがくぎじゅつ》を持《も》っている国々のみんなです。

ですから、誰が悪いかを決《き》めるのをやめ、今後《こんご》どうしていくのがよいのかを、みんなで話《はな》し合《あ》わなければならないのです。誰に責任をとらせるかを考えることをやめ、みんなで責任を取《と》る覚悟《かくご》をしなければならない時《とき》が来《き》ているのです。

ただ、どうしてこのような問題が起こってしまったのか、その原因《げんいん》については考えてみる必要《ひつよう》があると思います。それを考えずして先《さき》に進《すす》むと、また同《おな》じような問題が発生《はっせい》してしまいますから。

それでは、その原因とは何《なに》か。それは、大人たちが、特《とく》にこの国を動《うご》かしている重大《じゅうだい》な仕事《しごと》をしている大人たちが、物事《ものごと》の本質《ほんしつ》を真《ま》っ向《こう》から勇気《ゆうき》を持って見《み》ようとしてこなかったということです。そして、物事の本当《ほんとう》の姿《すがた》を見ようとはせず、本質とは無関係《むかんけい》であるべき「欲《よく》」のために判断《はんだん》が歪《ゆが》められてしまったということです。

福島第一《ふくしまだいいち》原発は、国の指針《ししん》にしたがってつくられていました。しかし、その指針に重大な欠陥《けっかん》があった。専門家《せんもんか》でなくても気付《きづ》きそうなことなのに見落《みお》とされてしまった。それは、この大切《たいせつ》な仕事をした人々《ひとびと》に、本質を見ようとする気持《きも》ちがなかったから起きてしまったことなのです。

小学《しょうがく》6年《ねん》だというあなたへ。今は、一生懸命《いっしょうけんめい》に勉強《べんきょう》にはげんで下《くだ》さい。

そして、本質を勇気を持って見ることのできる大人になって下さい。期待《きたい》しています。

匿名

前略《ぜんりゃく》、毎朝《まいあさ》、毎小新聞《まいしょうしんぶん》、楽《たの》しみに読《よ》ませて頂《いただ》いております。長男《ちょうなん》が小学生《しょうがくせい》の頃《ころ》から、かれこれ十年以上《ねんいじょう》の愛読者《あいどくしゃ》で、高3の長男《ちょうなん》、中3の二男《じなん》、小六の三男《さんなん》、そして私《わたし》も、今《いま》だに毎小新聞を読んでいます。

分《わ》かりやすく、ニュースが解説《かいせつ》されているので、大人《おとな》が読んでも、理解《りかい》が深《ふか》まります。

さて、3月《がつ》27日《にち》の「NEWSの窓《まど》」を読んだ後《あと》からずっと、心《こころ》にひっかかるものを感《かん》じていました。先日《せんじつ》の「ゆうだい君《くん》の手紙《てがみ》」の記事《きじ》を読み、やはり、そんな思《おも》いをしていたのは、私だけではなかったんだな、と思うと同時《どうじ》に、ゆうだい君の勇気《ゆうき》と行動《こうどう》、そして物事《ものごと》をしっかり考《かんが》える事《こと》のできる賢《かしこ》さに感動致《かんどういた》しました。

今、東電《とうでん》は、非常《ひじょう》に厳《きび》しい状況《じょうきょう》に立《た》たされています。

福島第一原発《ふくしまだいいちげんぱつ》からもれ出《で》た放射能《ほうしゃのう》によって、たくさんの方々《かたがた》が、たくさんの動物達《どうぶったち》が、たくさんの農作物《のうさくもつ》や町全体《まちぜんたい》が、多大《ただい》な被害《ひがい》にあっており、それらを一早《いちはや》く助《たす》けなければならない事は、言《い》うまでもありません。福島の方々の大変《たいへん》な思いもしかり。心をよせてゆきたいです。

だからといって、今、何《なに》もかもを、東電の責任《せきにん》だと言って責《せ》めたてるのも、どうなんだろうと思うのです。

しかも、今、東電は、くずれ落《お》ちそうなガケに片手《かたて》だけをかけて、落ちてしまわない様《よう》に、必死《ひっし》で、何とか頑張《がんば》っているという状況《じょうきょう》です。

その様《よう》な状況におかれている者《もの》に対《たい》して今、一番《いちばん》にすべき事は何でしょう。責任を追及《ついきゅう》し責めたてるよりもむしろ、励《はげ》まし、支《ささ》え、応援《おうえん》し、最大限《さいだいげん》のやる気《き》と能力《のうりょく》を発揮《はっき》して頂く、という事ではないでしょうか。

今、一番大切《たいせつ》な事は、一刻《いっこく》も早く、事態《じたい》を収束《しゅうそく》させる事なのです。

東電に充分《じゅうぶん》な補償《ほしょう》を求《もと》めるためにも、東電には、利益《りえき》を上《あ》げてもらわなければなりません。東電が、しっかりと収益《しゅうえき》を上げてこそ、被災者《ひさいしゃ》の方々への充分な保《ほ》障《しょう》も可能《かのう》になってくるでしょう。

もう廃炉《はいろ》になると分かっている非常《ひじょう》に危険《きけん》な原発の中《なか》へ入《はい》って、作業《さぎょう》している方々の事を思うと、胸《むね》がつぶれそうな気持《きも》ちになります。

想定外《そうていがい》の対策《たいさく》をしていなかった事を責められていますが、むしろ、40年間《ねんかん》という長《なが》い年月《ねんげつ》の間《あいだ》、石油《せきゆ》にかわる安《やす》くて、クリーンなエネルギーを提供《ていきょう》し、日本《にほん》の高度経済成長《こうどけいざいせいちょう》を支《ささ》え、東京《とうきょう》という大都市《だいとし》を動《うご》かし、日本を世界《せかい》で活躍《かつやく》できる国《くに》として支えてくれた電力《でんりょく》というエネルギーに感謝《かんしゃ》こそすべきです。

国策《こくさく》により進《すす》められた原子力発電《げんしりょくはつでん》。地球温暖化《ちきゅうおんだんか》防止《ぼうし》のためにも、必要《ひつよう》とされた原子力発電。

その責任を引《ひ》き受《う》けてくれた電力会社と、原発立地《りっち》させて下《くだ》さった地域《ちいき》の方々に、今、私達が、すべき事は、何でしょう。

これから先《さき》、私達は、今までの様《よう》に電気のムダ遣《づか》いはできないでしょう。安全《あんぜん》でクリーンなエネルギーの開発《かいはつ》も急《いそ》がなければなりません。しかし、それには時《じ》間《かん》もかかるので、それまでの間、既存《きそん》のエネルギーに頼《たよ》り、電力会社に頼っていく事になるでしょう。

ゆうだい君の言うとおり、原発を作ったのは、私達ともいえるでしょう。本当《ほんとう》につらい立場《たちば》に立たされている、困《こま》っている人がいた時、色々理由《いろいろりゆう》もあるにせよ、皆《みんな》から責められて、つぶれてしまいそうになっている人がいる時、ゆうだい君の様《よう》に、ペンの力《ちから》で、人を励《はげ》まし、力づけ、頑張《がんば》らせてあげる事ができると思うのです。

毎小新聞の記者《きしゃ》の皆様方《みなさまがた》には、ぜひ、今こそ、力を発揮《はっき》して頂きたいと切《せつ》に願《ねが》っております!!

日本の将来《しょうらい》を担《にな》う子ども達が、毎朝、楽しみに読んでいるのですから!!

ちなみに、私は、東電社員の家族《かぞく》や新《しん》せき、友人《ゆうじん》、知人《ちじん》がいる訳《わけ》でもなく、東電の株《かぶ》を持っている訳でもありません。

ただ、ゆうだい君の手紙を読んで、ゆうだい君のお父さんは、どれだけ力をもらい励まされた事だろうと考えると、私も何か書きたい気持ちで一杯《いっぱい》になりました。

本当は子どもが書くべきものを、大人の私が、書くのは、おかしいかとも悩《なや》みました。

でも、私はこれまでたくさんのペンの力に励まされてきました。だから、今、私のペンもじっとしてはいられませんでした。毎日小学生新聞の記者の皆様方のペンも益々《ますます》ふるい、子ども達に明《あか》るい未来《みらい》があると励ましてくださいます様に。

草々《そうそう》

……………**伊勢幸子**（主婦）

ゆうだい君《くん》へ

ゆうだい君の手紙読《てがみよ》みました。確《たし》かに今回《こんかい》のことは、たくさんの無責任《むせきにん》な人《ひと》たちが作《つく》りだした大惨事《だいさんじ》だったのかもしれません。今《いま》、目《め》の前《まえ》にある事象《じしょう》だけでなく、その背景《はいけい》に積《つ》み上《あ》げられた様々《さまざま》な事情《じじょう》をかんがみると、すべては一人一人《ひとりひとり》の自覚不足《じかくぶそく》が生《う》んだ事件《じけん》だったのかもしれません。

私《わたし》も今回《こんかい》の事件の後《あと》、新聞《しんぶん》やテレビ、雑誌《ざっし》の報道《ほうどう》を見《み》ていて、とても腹立《はらだ》たしく思《おも》ったことがあります。それは日本《にほん》のジャーナリズムの弱《よわ》さ、無責任《むせきにん》さです。情報《じょうほう》が正《ただ》しく伝《つた》わってこないことへの焦《あせ》りや不満《ふまん》は世界中《せかいじゅう》の人々《ひとびと》が感《かん》じていたことですが、その一番《いちばん》の理由《りゆう》はたぶん人々をパニックに陥《おちい》れないために気《き》を遣《つか》ったことからきているのかもしれません。そして、東電《とうでん》が自分《じぶん》の落《お》ち度《ど》を隠《かく》したい、政府《せいふ》が都合《つごう》のいいように情報を編集《へんしゅう》したがる気持《きも》ちはむしろ自然《しぜん》で仕方《しかた》ないこと、どこの国《くに》でもみられる当《あ》たり前《まえ》のことなのかもしれません。しかし、そういった不穏《ふおん》な動《うご》きを暴《あば》き、また正《ただ》すのが仕事《しごと》であるはずのジャーナリズムがうまく機能《きのう》しなかったことは許《ゆる》されるべきではないと私は思っています。

こんなことになるかもしれないと予測《よそく》できた専門家《せんもんか》がいなかったこと、専門家とともに考え《かんが》危険性《きけんせい》を指摘《してき》し訴え《うった》続ける《つづ》ジャーナリストが少《すく》なすぎたこと、未曾《みぞ》有《う》の事態《じたい》に直面《ちょくめん》しても多《おお》くの報道は東電の発表《はっぴょう》をそのまま伝えるばかりで、専門的視点《てきしてん》から問題点《もんだいてん》をえぐりだし真実《しんじつ》に迫《せま》っていくような報道がとても少なかったことは、大《おお》きな問題と感じられます。それでいて「想定外《そうていがい》だった。」とか「東電のせいだ。」などという安直《あんちょく》な言葉《ことば》はそこここに氾濫《はんらん》し、本当《ほんとう》に自分がすべきことをできていなかったことを恥《は》じ反省《はんせい》する専門家やジャーナリストをほとんど見かけなかったことは残念《ざんねん》でなりません。実際《じっさい》、私は日本国内《にほんこくない》に頼《たよ》れる情報はないのかもしれないと考え、よその国の報道を一生懸命《いっしょうけんめい》チェックしていたほどです。一番近《いちばんちか》くて一番正確《せいかく》であるはずの情報を頼れない、信《しん》じられないとは情《なさ》けない限《かぎ》りです。

ほんとうに、東電は東電の、政府は政府の、ジャーナリストはジャーナリストの仕事を、そして私たちは私たちがなすべきことをきちんと全《まっと》うしていたら起《お》きずに済《す》んだことが起きてしまったのかもしれません。

それから、ゆうだいくんがおっしゃるように、話《はなし》をする場《ば》、意見《いけん》を述《の》べる場を持《も》つことはとても大事《だいじ》なことだと思います。この国の人たちはそういう意見交換《いけんこうかん》をもとに世の中をいい方向《ほうこう》に動かしていこうという意識《いしき》がとても低《ひく》い国民性《こくみんせい》かもしれません。国のトップを国民が直接選挙《ちょくせつせんきょ》で選《えら》ぶシステムでもないし、大人《おとな》は「仕方ない、仕方ない。」と、ぶつぶつ茶《ちゃ》の間《ま》で文句《もんく》を言って終《お》わらせてしまう。こういうことではだめなのだなと私自身《じしん》も反省《はんせい》します。

重《かさ》ねて申《もう》しますが、これからは一人一人ができることをよく考えそれぞれの持ち場を守《まも》り自分の仕事を全うしていくことが肝心《かんじん》だと考えます。そんな小さな力の積《つ》み重《かさ》ねがこの国の復興《ふっこう》につながっていくのではないかと思っています。

ゆうだい君、とてもいい意見を聞《き》かせてくれてありがとう。東電、政府、国民、ジャーナリズム、それぞれ改《あらた》めるべき点はたくさんあると思います。そして問題の本質《ほんしつ》はそうそう単純《たんじゅん》なことではないかもしれません。でも、本当の問題は何なのかと、だれの目にも見えている事象《じしょう》から一つ一つ表皮《ひょうひ》をはがして真実を見極《みきわ》めようとするあなたの考え方に立派《りっぱ》なジャーナリストの目線《めせん》を感じます。これから、あなたのような人がこの国を担《にな》っていってくれるのかと思うと勇気《ゆうき》がわいてきます。ありがとう。

……… **佐藤千春**（ゆうだい君と同じ十二歳の子供の母親）

「みんなで話《はな》し合《あ》う前《まえ》に」

確《たし》かに便利《べんり》さを求《もと》めてきた私《わたし》たちにも責任《せきにん》はありますが、危険《きけん》なものを「安《あん》全《ぜん》」と言《い》ってきた東電《とうでん》の罪《つみ》は大《おお》きいと思《おも》います。もちろん「安全」と伝《つた》えてきたマスコミも同罪《どうざい》です。一番《いちばん》の責任は、国策《こくさく》として推進《すいしん》してきた政府《せいふ》にありますが、選挙《せんきょ》で選《えら》んだのは国民《こくみん》です。

ここで、私たち人類《じんるい》は真《しん》に反省《はんせい》をして、地球《ちきゅう》のことを考《かんが》えていかなくてはなりません。

地球温暖化問題《ちきゅうおんだんかもんだい》については、気温《きおん》の上昇《じょうしょう》が先《さき》で二酸化炭素《にさんかたんそ》の増加《ぞうか》はその後《ご》に起《お》こっているという説《せつ》もあるので、もう少《すこ》し勉強《べんきょう》してみて下《くだ》さい。ちなみに、原発《げんぱつ》は、燃料棒《ねんりょうぼう》が造《つく》られるまでの過程《かてい》で大量《たいりょう》の二酸化炭素《にさんかたんそ》を排出《はいしゅつ》するそうです。そして、使用後《しようご》の核《かく》燃料は、未《いま》だに処理方法《しょりほうほう》が決《き》まっておらず、私たちの孫《まご》・ひ孫・そのまた先《さき》の世代《せだい》にまで危険《きけん》が及《およ》ぶ可能性《かのうせい》があります。

チェルノブイリ事故後《じこご》の健康被害《けんこうひがい》について知《し》っていますか？　日本《にほん》で以前起《いぜんお》きた原発事故の被害《ひがい》について知っていますか？　また、原発だけでなく、家庭《かてい》からも洗剤等《せんざいとう》に含まれる化学物質《かがくぶっしつ》や油等《あぶらとう》によって、汚染水《おせんすい》を出《だ》していることを知っていますか？

今《いま》こそ、私たちはプロパガンダ（特定《とくてい》の意識《いしき》・行動《こうどう》へ誘導《ゆうどう》する宣伝行為《せんでんこうい》）によって踊《おど》らされていることに気付《きづ》くべきなのです。

一番大切《いちばんたいせつ》なのは、「もうけ」ではなく人類・生物《せいぶつ》が、恵《めぐ》み多《おお》き自然《しぜん》と如何《いか》に共《きょう》存《ぞん》していくかではないでしょうか。私が言いたいことは、テレビに頼《たよ》らず、もっと自分で深《ふか》いところまで調《しら》べてから、利己的《りこてき》ではなく利他的《りたてき》な話し合いになることを願《ねが》っております。

……………**加藤恵子**（二児の母）

ゆうだい君《くん》へ

新聞《しんぶん》に紹介《しょうかい》された君《きみ》の手紙《てがみ》を読《よ》みました。

君は、「原発《げんぱつ》を造《つく》るきっかけを作《つく》ったのは、電気《でんき》をたくさん使《つか》っている世界中《せかいじゅう》の人《ひと》たちだ。だから、東電《とうでん》を批判《ひはん》するのは無責任《むせきにん》だ」と書《か》いていましたね。

君がお父《とう》さんの仕事《しごと》をかばう気持《きも》ちはわかります。でも、君の意見《いけん》の進《すす》め方《かた》には、少《すこ》し無理《むり》があると、私《わたし》は思《おも》いました。

最近《さいきん》、焼肉屋《やきにくや》さんでだされた生《なま》の肉《にく》に、危険《きけん》な大腸菌《だいちょうきん》がついていて、食《た》べた人《ひと》が亡《な》くなった事件《じけん》がありましたね。では、君は「事故《じこ》がおこったのは、たくさんの人が生の肉を食べたがったからで、生肉《なまにく》を出《だ》した店《みせ》を批判《ひはん》するのは無責任だ」
といえるかな？
「みんなが電気が必要《ひつよう》だから、電気を供給《きょうきゅう》する。だから、原子力発電所《げんしりょくはつでんしょ》を造って
いいんだ。」
「みんなが生肉を食べたいから、生肉を提供《ていきょう》する。だから、消毒《しょうどく》の手順《てじゅん》をはぶい
てもいいんだ。」
私には、この意見は、どちらも同《おな》じに思えてしまいます。
みんながしたいことがある。
それに応《こた》えるために、どうするか。
応える会社《かいしゃ》が「どんな手段《しゅだん》を選《えら》んだか」が最《もっと》も重要《じゅうよう》ではないでしょうか。
そして、大人《おとな》の仕事では、何《なに》よりも責任をとらなければいけないのは、「人《ひと》の
命《いのち》の安全《あんぜん》」なのです。東京電力《とうきょうでんりょく》は、その「安全」について全力《ぜんりょく》で配慮《はいりょ》していた
か？

答《こた》えは、「ＮＯ」といえるでしょう。

電気がたりなくなってきたとき、東京電力には、二つの手段がありました。

一《ひと》つ目《め》は、今《いま》のように、節電《せつでん》のお願《ねが》いをする。東京電力は他《ほか》の会社と競争《きょうそう》しているわけではないので、やればできたはずです。

二《ふた》つ目は、もっと電力をつくる。東京電力は、こちらを選びました。

そして東京電力、いや世界《せかい》の電力会社は、さらに電力をつくる手段として「原子力発電」を選びました。

なぜ原子力で発電をすることになったか。それは地球温暖化防止《ちきゅうおんだんかぼうし》のためだけではありません。原子力で発電をすると、あまりお金《かね》がかからないですむからです。つまり、そのぶん、電気を売《う》っている、東京電力という会社がお金をもうけることができるからです。

安全で、二酸化炭素《にさんかたんそ》をださないエネルギーは他にもありますが、発電力のわりにお金がかかるからという理由《りゆう》で、そのための研究《けんきゅう》や設備《せつび》はあまり進んでいません。

原子力には危険があることは分《わ》かっていました。でも原子力を続けるために「危険ではない」と宣伝《せんでん》しました。

すべては、安全よりも「もうけ」を重視《じゅうし》してきた結果《けっか》です。

君が批判《ひはん》した北村龍行《きたむらりゅうこう》さんの文を、「もうけ」という視点《してん》から読《よ》み直《なお》してみて下《くだ》さい。

北村さんの「怒《いか》り」が伝《つた》わるでしょうか……。

もちろん、お金をもうけることは、悪いことではありません。みんなが喜《よろこ》ぶことでお金をもらうのは嬉《うれ》しいことですし、それを適切《てきせつ》に使うことで、経済《けいざい》が好転《こうてん》し、みんなが豊《ゆた》かになります。

しかし、安全をないがしろにしてはいけません。

ゆうだい君へ

君がこれから生《い》きて行《い》く間《あいだ》に、いろいろなことに直面《ちょくめん》します。

そして、それを解決《かいけつ》していく手段は、一つではないのです。

いろんな手段のアイデアを出せる大人になってください。

みんなでアイデアを出し合って、たくさんの手段のなかから、答えをえらぶとき、少々《しょうしょう》の「もうけ」よりも、命を大事《だいじ》にする大人になってください。

たくさんの命の責任を負《お》える大人になって下さい。

君の成長《せいちょう》を応援《おうえん》しています。

……………匿名

3・11のあの日以来《ひいらい》、日本中《にほんじゅう》が悲《かな》しみとやり場《ば》のない怒《いか》りにつつまれながらも、少《すこ》しずつ顔《かお》を上《あ》げ、前《まえ》に進《すす》もうと動《うご》き始《はじ》めています。

連日《れんじつ》の報道《ほうどう》や諸々《もろもろ》の記事《きじ》に、手紙《てがみ》を寄《よ》せた彼《かれ》の小《ちい》さなこころを思《おも》うと、言葉《ことば》が見《み》つかりません。

今《いま》、私達《わたしたち》は彼の言《い》うとおり、知恵《ちえ》を出《だ》し合《あ》い情報《じょうほう》を共有《きょうゆう》し協力《きょうりょく》しなければならない時《とき》です。誰《だれ》のせいにするでもなく中立《ちゅうりつ》の立場《たちば》で理路整然《りろせいぜん》と書《か》かれた文章《ぶんしょう》に感《かん》動《どう》しました。ゆうだい君《くん》へ、お手紙をありがとうと、伝えたいです。

八木美奈子（薬剤師）

毎日新聞《まいにちしんぶん》
東電《とうでん》のお父《とう》さんの児童《じどう》の手紙《てがみ》の担当者《たんとうしゃ》　御中《おんちゅう》
5月《がつ》18日《にち》の子《こ》ども新聞、19日の朝刊《ちょうかん》で、東電のお父さんの児童の手紙を拝見《はいけん》しました。小《ちい》さい子どもも傷付《きずつ》き、切実《せつじつ》なる思《おも》いも感《かん》じました。
しかし、今回《こんかい》の投稿《とうこう》や、若手社員《わかてしゃいん》のツイッターでのつぶやきから、東電内部《ないぶ》の方々《かたがた》の気持《きも》ちや会話《かいわ》を垣間見《かいまみ》ることができました。
国民《こくみん》は今回の原発事故《げんぱつじこ》で憤《いきどお》りと悲《かな》しみを覚《おぼ》えると同時《どうじ》に、電気《でんき》のありがたみも感じています。

会社《かいしゃ》というものは全《すべ》て成《な》すべき責務《せきむ》を持《も》っています。東電も例外《れいがい》なく責務はあったのです。原発を管理《かんり》している立場《たちば》として、何《なに》かあったら人《ひと》が近付《ちかづ》けなくなると明《あき》らかだったものに対《たい》して、国民の安全《あんぜん》を守《まも》るべく危機管理設備《ききかんりせつび》を整《ととの》え、認識《にんしき》を関係《かんけい》社員全員《ぜんいん》に徹底《てってい》することだったのです。

危機管理に対し意見《いけん》した少人数派《しょうにんずうは》のコトバを排除《はいじょ》し、設備投資《とうし》を怠《おこた》り、びっくりするような高収入《こうしゅうにゅう》で机上《きじょう》の論理《ろんり》を押《お》し通《とお》してきた社《しゃ》の体制《たいせい》、当時《とうじ》の与党《よとう》の体制の結果《けっか》が出たのだと思います。

その体制を無責任《むせきにん》だったと国民は憤りを覚えているのです。そして、ツイッターのつぶやきの件《けん》や今回の内容《ないよう》からも判《わか》るように東電社員の方々の考《かんが》え方に悲しみをも覚えます。

ありがたみについては、今回の事故により、私達《わたしたち》、東京《とうきょう》の人間《にんげん》は他県《たけん》の多大《ただい》な協力《きょうりょく》のもとに電気を使《つか》わせていただいていたことを痛感《つうかん》し、また気付《きづ》かなかったことを恥《はず》かしいと思います。

冷蔵庫《れいぞうこ》のドアの開閉《かいへい》でさえも電気を使う今《いま》、すっかり当《あ》たり前《まえ》のものとなり、湯水《ゆみず》のごとく使っていたのも事実《じじつ》です。

限《かぎ》り有《あ》る資源《しげん》を大切《たいせつ》に使うべきだということを忘《わす》れていました。

だからこそ今、私達自身《じしん》でできることを実行《じっこう》しています。

節電《せつでん》し、どうやってそれを継続《けいぞく》していこうか考えています。

人口密度《じんこうみつど》の高《たか》い国《くに》、資源のない国、土地《とち》のない国では原発は大中小企業《だいちゅうしょうきぎょう》はもとより、個人《こじん》の相当《そうとう》の努力《どりょく》がないとなくせないと思います。ただ声《こえ》を大《だい》にするだけでなく、個人個人が今のように節電を心掛《こころが》け続《つづ》け、少しでも他《ほか》の発電方法《はつでんほうほう》、電力の発送分離《はっそうぶんり》を考えて実行すれば社の体制や国全体の電気の使い方が変《か》わってくると思います。

20年前《ねんまえ》の電気の使い方に戻《もど》すというのは難《むずか》しいと思います。給料《きゅうりょう》が20%カットされても尚《なお》、一般《いっぱん》企業より多《おお》い賃金《ちんぎん》でも生活《せいかつ》は辛《つら》くなるでしょう。人間は一度《いちど》そのような生活してしまうと生活レベルを下げるのは難しいのです。

しかし、今や国民全員が協力し、努力し合い、実現《じつげん》させていく時《とき》で実行しなくてはいけないと思います。

東電の方々は苦情《くじょう》の毎日で大変《たいへん》でしょう。しかし、私達もとても傷付いているのです。子ども達の食《しょく》の安全が侵《おか》され、将来《しょうらい》を心配《しんぱい》し、疲《つか》れきっているのです。そして現場《げんば》で働いている方々も心身共《しんしんとも》に疲れていることでしょう。福島《ふくしま》の方々の私達より辛く悲しい立場を思うと心痛《いた》み、涙《なみだ》が出てきます。

私たちが憤っているというのは、社として成すべき責務を果《は》たさなかったことはやはり無責任だったということなのです。個人を責《せ》めることではなく、ましてやその矛先《はこさき》が子ども同士《どうし》に影響《えいきょう》を与《あた》える結果につながるやり方は親《おや》として避《さ》けねばならないと思います。

皆《みんな》が使ってきた電気は、我々が提供《ていきょう》してきたのだというのではなく、苦情《くじょう》を真摯《しんし》に受《う》け止め、それを子どもに伝えるのも東電の責務だと思います。

私達が出来ることは、節電を忘れず、被災地《ひさいち》のこと、そしてそこにいらっしゃる方々のことを思い続け、寄《と》り添《そ》い、手を差伸《さしの》べ続けることと思います。

伊藤悦子（主婦）

ゆうだい君の「僕《ぼく》のお父《とう》さんは東電社員《とうでんしゃいん》。原発《げんぱつ》を造《つく》ったのはみんな」を読《よ》んで、考《かんが》えさせられました。

大人《おとな》は子供《こども》の手本《てほん》・基本《きほん》でなくてはならないはずなのに、子供に教《おし》えられてどうするのでしょうか。

こちらの小学《しょうがく》6年生《ねんせい》の児童《じどう》はしっかりと理路整然《りろせいぜん》としていて、筋道《すじみち》が通《とお》っています。ただ単《たん》に親《おや》を思《おも》う子の文章《ぶんしょう》ではありません。この記事《きじ》の陰《かげ》には福島《ふくしま》からの転校生《てんこうせい》に対《たい》するイジメ問題《もんだい》も、今後《こんご》の福島県《けん》の方々《かたがた》の未来《みらい》も、動向《どうこう》も見《み》え隠《かく》れしていてなりません。

日本《にほん》の中枢《ちゅうすう》を担《にな》う永田町《ながたちょう》の皆様《みなさま》、「国家《こっか》」レベルではなく、もう少《すこ》し目線《めせん》を低《ひく》くして「国民《こくみん》」レベルで、物事《ものごと》を考《かんが》えては頂《いただ》けないものでしょうか。各党《かくとう》の利権《りけん》ばかりを考えていては、復興《ふっこう》への足取《あしど》りは足踏《ぶ》み状態《じょうたい》になるばかりです。早急《そうきゅう》に「党」の垣根《かきね》を外《はず》し、歩《あゆ》み寄《よ》り、被災地《ひさいち》の復旧《ふっきゅう》・復興《ふっこう》に邁進《まいしん》して頂きたいと願《ねが》うばかりです。

東電を責《せ》めるは、容易《たやす》いことかもしれません。原発を造ることには、そもそも国家的《こっかてき》なプロジェクト無《な》しには、成《な》し得《え》なかったものと、推察《すいさつ》いたします。一人《ひとり》の親を思う小学6年生の児童《じどう》に「僕は東電を過保護《かほご》しすぎなのかも知《し》れません」なんて、言《い》わせないでください。原発を造ったのは彼《かれ》のお父さん一人でないのですから。

今《いま》、やるべきことは東電、東電と責《せ》めるよりも、避難所《ひなんじょ》に居《い》る方《かた》を早《はや》く元《もと》の家《いえ》に返《かえ》してあげよう！　と、いう国を挙《あ》げての努力《どりょく》だと、僕は思います。

…………**姉歯健志**（会社員）

5月《がつ》19日《にち》御紙夕刊《おんしゆうかん》「小《しょう》6毎小《まいしょう》に手紙《てがみ》」の記事《きじ》を拝読致《はいどくいた》し、筆《ふで》を取《と》った次第《しだい》です。

この手紙を送《おく》った小学《しょうがく》6年生《ねんせい》を、A君《くん》と呼《よ》ばせていただきます。

A君、君《きみ》のあの考《かんが》え方《かた》は間違《まちが》っていない。そしてこんな考え方のあなたを育《そだ》てた、お父《とう》さん、お母《かあ》さんはどんな素晴《すば》しい方なのだろうと思《おも》っています。今《いま》は自分《じぶん》に都合《つごう》のいい考え方をする人《ひと》があまりにも多《おお》すぎます。

私《わたし》は農業《のうぎょう》をしていますが、あの地震《じしん》の日《ひ》、突然《とつぜん》の停電《ていでん》により、温室《おんしつ》の中《なか》の花《はな》は総《すべ》て凍《こお》ってしまい売《う》り物《もの》にならなくなりました。窓《まど》は開《ひら》いたまま、暖房《だんぼう》も出来《でき》ず3日半全《はんまった》く放《ほう》りなげた状態《じょうたい》でした。

それは大損害《だいそんがい》でしたが、東電《とうでん》の皆《みな》さんをうらむ気《き》は全くありませんでした。それは対応出来《たいおうでき》なかった自分の責任《せきにん》なのです。

津波《つなみ》により原発《げんぱつ》がこわれ放射線《ほうしゃせん》が飛《と》び散《ち》っても、東電だけの責任ではなく、それまでして電気《でんき》をつくり出《だ》すことを望《のぞ》んだ、国民全体《こくみんぜんたい》の責任なのです。大《おお》きな被《ひ》害《がい》を受《う》けた人達《ひとたち》へは国民一人《ひとり》ひとりが責任を持《も》って手助《てだす》けして行《い》かなければならないのです。社長《しゃちょう》が頭《あたま》を下《さ》げている姿《すがた》を見《み》ると、いたたまれなくなります。

A君の記憶《きおく》にはないかも知《し》れませんが、平成《へいせい》11年《ねん》9月30日、茨城県《いばらぎけん》ではJ・C・Oによる放射能《ほうしゃのう》が飛び散る、今と同《おな》じような事故《じこ》がありました。当時私《とうじわたし》は立《たち》場上《ばじょう》、その対策《たいさく》に追《お》われました。今と同じで、茨城産《さん》の農産物《のうさんぶつ》が全く売れなくなってしまいました。

東京《とうきょう》の市場《しじょう》に行き、買《か》ってくれるようお願《ねが》いをし、夜《よる》、高速道路《こうそくどうろ》を茨城へと帰《かえ》って来《き》ました。その時《とき》見た、まばゆいばかりの東京の夜景《やけい》が今も忘《わす》れられません。

東京の人達はこの電気がどこから来て、そしてどんな人達が命《いのち》がけで働《はたら》いているのか、考えたことが有《あ》るのかと、むなしくなりました。このあかりを、少《すこ》しでも消《け》したなら、こんなに原発をつくらなくても、すむのに……。人は一度《いちど》ぜいたくをしてしまうと、元《もと》へはなかなか戻《もど》れません。一人ひとりがその事《こと》を反省《はんせい》しないと、またこの事故は必《かなら》ず起《お》こると思いました。

今、世《よ》の中は何《なに》か起こると、すぐに「誰《だれ》の責任」と言《い》います。でも、責任は自分にあるのです。国民が今のように電気を必要《ひつよう》としなかったら、こんなに原発を造《つく》らなかったでしょうし、逆《ぎゃく》に電力不足《でんりょくぶそく》が起きたら、東電はその責任を問《と》われたことでしょう。

人は勝手《かって》です。我慢《がまん》はせずに不平《ふへい》をいう。その気持《きも》ちを変《か》えることが大切《たいせつ》です。私はすでに70才《さい》を越《こ》えました。でも、やがてA君達が背負《せお》っていくであろう次《つぎ》の世代《せだい》には、心《こころ》の豊《ゆた》かな社会《しゃかい》を築《きず》いてほしいのです。不便《ふべん》をがまんすることも、夜が暗《くら》いことも、みんなに再《ふたた》びおもい出してほしいのです。

もし、神様《かみさま》が見ていたら、人間《にんげん》が夜をなくしてしまっても、コンクリートで地《ち》球《きゅう》をかためてしまっても、それは自然《しぜん》なのかも知れません。でも、それではあまりにも悲《かな》しい。

今、東京に住《す》む人は自分達の食《た》べ物《もの》を1％しか作っていません。震災《しんさい》があればすぐに困《こま》るでしょう。田舎《いなか》は被害《ひがい》を受《う》けても一年位《くらい》は助《たす》け合《あ》いながら生《い》きて行けるでしょう。双葉《ふたば》町や、大熊《おおくま》町の人だって放射能の被害がなかったら、あの豊かな自然の中での生活《せいかつ》が続《つづ》けられたはずです。

選挙《せんきょ》になると、よく一票《ぴょう》の重《おも》さという事が言われます。人口《じんこう》によって議員《ぎいん》の数《かず》を決《き》めて行けば、いなかの声《こえ》はますます小《ち》さくなり、都会《とかい》の声だけが大きくなれば、もう「いなか」は、人の住めない世界《せかい》になってしまうでしょう。あの美《うつく》しい福島《ふくしま》の海《うみ》を失《うしな》ったようなことは、絶対《ぜったい》に起こしてはならないのです。

私は人の造った物に100％安全《あんぜん》なんて言うものはないと考えています。この考え方は誰でも持っているでしょう。それは、都会のまん中に原発をつくらない事でも分《わ》かります。そう考えれば、あの事故は「想定内《そうていない》」だったのです。田舎《いなか》に住む私などは、都会に出て、高《たか》いビルやタワーを見ると恐《おそ》ろしくなります。専門《せんもん》的知識《てきちしき》を持たない私にとっては、それも「想定内」のことなのです。

この震災が、人々の考えを変えるきっかけとなったら、被災《ひさい》した多くの人々も少しは浮かばれるのではないでしょうか。

このまま東電が悪いなんてことだけを言っていたら、私達は、大きな教訓《きょうくん》を生《い》かすことが出来ません。

私は小学生の時に、終戦《しゅうせん》を経験《けいけん》しました。それは、本当《ほんとう》に何もない世界でした。大都市《だいとし》は、全国総《ぜんこくすべ》てが、焼《や》け野原《のはら》。農村《のうそん》でも食べる物が有りませんでした。日本中《にほんじゅう》に何もなかったのです。今とは全く違います。人をおもいやる心、そしてやる気さえあれば、必ず日本は立《た》ち直《なお》ります。一番《ばん》の心配《しんぱい》は人びとの考え方です。

A君のような、しっかりとした考えの若者が、沢山育《たくさんそだ》って来てくれることを期《き》待《たい》しています。

お父さんの事を考え、ニュースを見るたび、まだつらい日が続くことでしょう。でも、日本の将来《しょうらい》を考え、たくましく成長《せいちょう》してくださることを心から願っています。

「毎小」関係《かんけい》の皆さん。どうか子供達《こどもたち》が、理屈《りくつ》を言うだけでなく、しっかりとした考えを持って育って行くように、力《ちから》をかしてやってください。私も応援《おうえん》しています。世の中が豊かになった分、今は総《すべ》ての面に於《お》いて厳《きび》しさが足《た》りません。親は子供達の経験の場《ば》を次つぎに取り上げています。震災は厳しい出来事《できごと》でした。でもこれをプラスに変えて行くのは私達の考え方なのです。

どうぞよろしくお願い致します。

……………沼田　新

僕《ぼく》たちのあやまちを知《し》った
あなたたちへのお願《ねが》い

森《もり》 達《たつ》也《や》

電気《でんき》って何《なん》だろう

いちばん最初《さいしょ》のきっかけは、『毎日小学生新聞《まいにちしょうがくせいしんぶん》』に載《の》った経済《けいざい》ジャーナリストで元毎日新聞論説委員《もとまいにちしんぶんろんせついいん》の北村龍行《きたむらりゅうこう》さんの記事《きじ》だった。

次《つぎ》に、お父《とう》さんが東電《とうでん》の社員《しゃいん》であるゆうだい君《くん》が、北村さんの記事に対《たい》する反《はん》論《ろん》を書《か》いて投稿《とうこう》し、その文章《ぶんしょう》が掲載《けいさい》された。

そしてとても多《おお》くの人《ひと》たちが、ゆうだい君の書いた文章を読《よ》んで、いろいろと考《かんが》え、福島第一原発《ふくしまだいいちげんぱつ》の事故《じこ》や東電について、自分《じぶん》の意見《いけん》や思《おも》うことを書いて投稿した。

そしてあなたは今《いま》、これらの文章を、まとめて読み終《お》えた。

だから今あなたも、多くの人たちと同《おな》じように、自分の意見や思うことがあるはずだ。

それは、ゆうだい君への反論《はんろん》かもしれないし、賛同《さんどう》かもしれない。ゆうだい君と同じように北村さんの記事への反論かもしれないし、賛同かもしれない。他《ほか》の誰《だれ》かが書《か》いた文章《ぶんしよう》への反論《はんろん》かもしれないし、まったく違《ちが》う自分《じぶん》だけの意見《いけん》かもしれない。

あるいはあなたは今《いま》、何《なに》が何《なん》だかよくわからなくなっているかもしれない。

多《おお》くの人《ひと》の意見や思《おも》うことを読《よ》みながら、僕《ぼく》もいろいろ考《かんが》えた。だから自分の意見や思うことについて、これから書いてみたい。でも意見や思うことを書き始《はじ》める前《まえ》に、あなたに三つだけ、確認《かくにん》したいことがある。あなたがもう知《し》っていることなら、これは余計《よけい》なことだ。だけどもしもまだ知らないのだとしたら、僕の意見や思いを読む前に、ぜひ知っておいてほしい。質問《しつもん》への答《こた》えを知ることも大《たい》切《せつ》だけど、自分はこれほどに基本的《きほんてき》なことすらわかっていなかったということを自覚《じかく》することも、これからいろいろ考えるうえで、とても大切だと思うのだ。

最初《さいしよ》の質問。原発《げんぱつ》は何のためにあるのだろう？

こう訊《き》けばきっとあなたは、「決《き》まっているじゃないか。電気《でんき》をつくるためさ」と答《こた》えるはずだ。うん。そのとおり。原発《げんぱつ》の正式名称《せいしきめいしょう》は原子力発電所《げんしりょくはつでんしょ》。つまり原《げん》子力《しりょく》を使《つか》って発電《はつでん》する施設《しせつ》だ。ならばもう一つ訊きたい。

なぜ電気をつくらねばならないのだろう?

この質問《しつもん》に対《たい》してきっとあなたは、「テレビや冷蔵庫《れいぞうこ》や洗濯機《せんたくき》やテレビゲームを使うからだよ」と答えるだろう。これも正解《せいかい》。僕《ぼく》たちが生活《せいかつ》を営《いとな》むうえで、電気を使う日用品《にちようひん》はとても多《おお》い。もしも電気がなければ、テレビや冷蔵庫や洗濯機やテレビゲームが使えなくなるだけではなく、夜《よる》に部屋《へや》を明《あか》るくすることもできなくなる。キャンプなどに使うカンテラやロウソクを灯《とも》したとしても、目《め》を悪《わる》くせずに読書《どくしょ》できるほどの光量《こうりょう》ではない。

つまり電気《でんき》は、僕《ぼく》たちの日常生活《にちじょうせいかつ》に欠《か》かすことができない存在《そんざい》だ。家《いえ》の中《なか》だけではない。飛行機《ひこうき》や自動車《じどうしゃ》や船《ふね》は石油《せきゆ》を原料《げんりょう》にした燃料《ねんりょう》を使《つか》っているけれど、操縦《そうじゅう》や運転《うんてん》のためには電気は不可欠《ふかけつ》だ。もちろん電車《でんしゃ》も止《と》まってしまう。そもそも電気がなければ工場《こうじょう》が稼働《かどう》できないから、飛行機や自動車、電車や船をつくることができない。信号《しんごう》も止まるから、危《あぶ》なくて外《そと》を歩《ある》けなくなる。交通手段《こうつうしゅだん》だけではない。コンビニやスーパーも営業《えいぎょう》できない。夜《よる》には店内《てんない》は真暗《まっくら》だし、レジの機械《きかい》も使えなくなる。もしも営業できたとしても食品《しょくひん》工場で商品《しょうひん》を作《つく》ることができなくなっているし、作ることができたとしても運《はこ》ぶことができなくなる。大規模《だいきぼ》な農業《のうぎょう》や漁業《ぎょぎょう》もできなくなる。電話《でんわ》もつながらないし、携帯《けいたい》も使えなくなる。

つまり電気がなければ、今の社会《しゃかい》と日常のほとんどが成《な》り立《た》たなくなる。

ならば最後《さいご》の質問《しつもん》。

電気《でんき》とは何《なん》だろう？

この質問《しつもん》に対《たい》して、きっとあなたは考《かんが》え込《こ》むはずだ。これは難《むずか》しい。だって電気は目《め》に見《み》えない。匂《にお》いもないし音《おと》もしない。その意味《いみ》では、原発問題《げんぱつもんだい》の中心《ちゅうしん》にある放射能《ほうしゃのう》に、少《すこ》しだけ似《に》ているかもしれない（少しだけだよ。人間《にんげん》にとっての害《がい》という意味では、まったくレベルが違《ちが》うけれど）。

僕《ぼく》も以前《いぜん》なら、「電気とは何だろう？」といきなり誰《だれ》かに訊《き》かれたら、きっと答《こた》えられなかったと思う。

だから勉強しよう。知《し》らなければ始《はじ》まらない。だって原発は、その電気をつくるために建設《けんせつ》された施設《しせつ》だ。その原発が今《いま》、事故《じこ》を起《お》こして、いろいろと大変《たいへん》なことになっている。大《おお》きな問題になっている。こんなことになっていなければ、北村龍行《きたむらりゅうこう》さんも記事《きじ》を書《か》かなかったはずだし、ゆうだい君《くん》も手紙《てがみ》を書こうとは思いつかなかったはずだ。

昔《むかし》の人《ひと》たちも電気《でんき》の存在《そんざい》を知《し》っていた。そのひとつの現象《げんしょう》は雲《くも》と地面《じめん》とのあいだに発生《はっせい》する放電《ほうでん》現象である雷《かみなり》であり、もうひとつは寒《さむ》い日《ひ》などに髪《かみ》が逆立《さかだ》ったりする静電気《せいでんき》だ。

メカニズムを理解《りかい》していたわけではないけれど、古代《こだい》ギリシャ人《じん》は、琥珀《こはく》*をこすることで発生する静電気が、いろいろなものを引《ひ》きつける作用《さよう》を及《およ》ぼすことを知っていたし、古代エジプトの人たちは、川《かわ》にいるデンキナマズに触《さわ》ると、雷に打《う》たれたときと同《おな》じような衝撃《しょうげき》があることも知っていた。

その意味《いみ》では、電気はとても身近《みぢか》にあった。ただし電気を実用化《じつようか》できるようになったのは、もっとずっとあとだ。具体的《ぐたいてき》には十九世紀後半《せいきこうはん》。まだ百年《ねん》とちょっとしか経《た》っていない。

つまり、人が電気を使《つか》うようになってからの歴史《れきし》は、とても新《あたら》しい。たぶんあ

＊琥珀　樹木から流れ出た樹脂が何万年もかけて地中で化石になったもので、宝石の一種。

なたのおじいさんやおばあさんのおじいさんやおばあさんの世代《せだい》くらいから。それより以前《いぜん》の人《ひと》たちは、電気《でんき》を生活《せいかつ》や日常《にちじょう》に使《つか》うという発想《はっそう》など持《も》っていなかった。

でもたった百年《ねん》とちょっとで、電気を利用《りよう》した技術《ぎじゅつ》は急激《きゅうげき》に進歩《しんぽ》して、それまでの産業《さんぎょう》や社会構造《しゃかいこうぞう》は大《おお》きく変化《へんか》した。馬車《ばしゃ》は電車《でんしゃ》になり、ガスライトは蛍光灯《けいこうとう》になり、ラジオや冷蔵庫《れいぞうこ》やテレビが誕生《たんじょう》した。その後《ご》も電気は僕《ぼく》たちの生活や社会に大きな影響《えいきょう》を与《あた》え続《つづ》け、コンピュータや携帯電話《けいたいでんわ》などが普及《ふきゅう》した。

十九世紀後半《せいきこうはん》以前、僕たちの生活と電気は、互《たが》いにまったく無関係《むかんけい》だった。通《とお》りには電柱《でんちゅう》など一本《ぽん》も立《た》っていない。停電《ていでん》もないし、電気料金《りょうきん》の支払《しはら》いもない。もちろん、電力会社《でんりょくがいしゃ》だって存在《そんざい》していない。でもたった百年とちょっとで、僕たちの日常は大きく変化した。今の僕たちの生活は、電気なしではありえない。

紀元前《きげんぜん》*の人たちは雷《かみなり》や静電気《せいでんき》の存在を知っていたけれど、これらの電気は実用《じつよう》

＊紀元前　ここでいう紀元とは西暦紀元で、今から約2000年以上昔のこと。

化《か》できなかった。雷《かみなり》では電話《でんわ》ができないし、静電気《せいでんき》ではテレビを見《み》ることができない。デンキナマズを使《つか》った掃除機《そうじき》もありえない。

もしも雷や静電気やデンキナマズの電気を実用化《じつようか》できたのなら、昔《むかし》の人《ひと》たちの生活《せいかつ》は、もっと早《はや》い時期《じき》に変《か》わっていたはずだ。でもそれは無理《むり》だった。電気を使うためには、新《あら》たに発電《はつでん》しなくてはならないのだ。

十九世紀後半《せいきこうはん》の発明家《はつめいか》であるニコラ・テスラ*やトーマス・エジソンらの研究《けんきゅう》で、人類《じんるい》は電気を自分《じぶん》たちでつくる（つまり発電する）方法《ほうほう》を発見《はっけん》した。

発電するためには、まずは磁石《じしゃく》が必要《ひつよう》だ。学校《がっこう》でもう習《なら》っているはずだけど、磁石の磁力線《じりょくせん》はN極《きょく》からS極に向《む》かって流《なが》れている。次《つぎ》に電気を通《とお》す導線《どうせん》をぐるぐる巻《ま》きにしたコイルを用意《ようい》して、磁石の近《ちか》くで回転《かいてん》させる。するとコイルに電《でん》位差《いさ》が生《しょう》じて、電流《でんりゅう》が発生する。ぐるぐるが多ければ多いほど強い電流が発生する。

こうして電気が生まれる。

＊ニコラ・テスラ　発明家・電気技師(1856〜1943)。電気についての発明ではエジソンのライバルだった。

モーターに電気《でんき》をつなげば、軸《じく》がくるくると回転《かいてん》する。発電《はつでん》の仕組《しく》みは、ちょうどこの逆《ぎゃく》だと思えばよい。くるくると回転する力《ちから》（エネルギー）を、電気に換《か》える。

太陽《たいよう》の光《ひかり》エネルギーを電気に換える太陽光発電《たいようこうはつでん》は別《べつ》にして、ほとんどの発電所《はつでんしょ》は、基本的《きほんてき》にはこの原理《げんり》で電気をつくっている。ただしほとんどの発電機《き》は、磁《じ》石《しゃく》のまわりでコイルが回《まわ》るのではなく、大《おお》きなコイルの中《なか》で磁石が回るという構《こう》造《ぞう》だ。その磁石はタービン（羽根車《はねぐるま》）の回転軸《かいてんじく》につながっているから、電気を発《はっ》生《せい》させるためには、タービンが回転すればいいことになる。

火力《かりょく》発電の基本的な仕組みは、火力によって熱《ねっ》した水《みず》の水蒸気《すいじょうき》で発電機のタービンを回し、これにつながっている磁石をコイルの中で回すことで、電気を発生させる。水力《すいりょく》発電は水が高《たか》いところから下《した》へ落《お》ちるときの力を利用《りよう》して、そして風力《ふうりょく》発電は風《かぜ》の力で、やっぱり発電機のタービンを回して、電気エネルギーを発生させる。

つまり発電所《はつでんしょ》の原理《げんり》はすべて一緒《いっしょ》。磁石《じしゃく》をコイルの中《なか》で回《まわ》すことで、電気《でんき》エネルギーを発生《はっせい》させる。

発電所だけではない。多くの人は（もしかしたらあなたも）自分の足を使って、この発電をやっている。自転車《じてんしゃ》のライトだ。仕組《しく》みとしては、タイヤに密着《みっちゃく》させたダイナモ*の回転運動《かいてんうんどう》を利用《りよう》して、電気を発生させている。だから速《はや》くペダルを漕《こ》げば漕ぐほどライトは明るくなるし、漕ぐのをやめるとライトは消《き》える。

大事《だいじ》なところなので、もう一度《いちど》書くよ。発電所のほとんどは、回転運動を電気エネルギーに変換《へんかん》する。火力発電は石油《せきゆ》や石炭《せきたん》などの化石燃料《かせきねんりょう》を燃《も》やして熱《ねつ》エネルギーを得《え》て、これを使って水を沸《わ》かし、蒸気《じょうき》の力でタービンを回転させて電気を起こす。

そして原子力発電《げんしりょくはつでん》は、ウランを核分裂《かくぶんれつ》させて、そのときに発生した熱エネルギーで水を沸かし、その蒸気の力でタービンを回転させて発電する。

＊ダイナモ　ここでいうダイナモとはモーターのこと。

電気《でんき》と原子力《げんしりょく》

ならば核分裂《かくぶんれつ》とは何か。これはなかなか難《むずか》しい。簡単《かんたん》にまとめてしまうと、以《い》下《か》のようになる。

すべての物質《ぶっしつ》は、原子核《げんしかく》とそれを取りまく電子《でんし》によって成《な》り立っている。例外《れいがい》はない。鉄《てつ》もたんぱく質《しつ》も酸素《さんそ》も、つまりこの本もあなたの身体《からだ》も窓《まど》ガラスも机《つくえ》もカレーライスもすべて、顕微鏡《けんびきょう》の倍率《ばいりつ》を上《あ》げ続《つづ》ければ、原子核と電子によって成り立っていることがわかる（実際《じっさい》には、原子核や電子が見えるほどに倍率が高い顕微鏡は、まだ存在《そんざい》しないけれど）。

この原子核のうち、ウランやプルトニウムなど重《おも》い原子核に中性子《ちゅうせいし》や陽子《ようし》などの素粒子《そりゅうし》*がぶつかったとき、原子核が分裂することがある。これが核分裂だ。そしてこのとき、原子核は、莫大《ばくだい》なエネルギーを放出《ほうしゅつ》する。

例《たと》えばウラン235に中性子を当てると、一〇〇〇万分の一秒後に核分裂して、

＊素粒子　物をつくっている最小の物質。物を小さくしていくと分子→原子→原子核→素粒子の順番に小さくなっていく。素粒子より小さなものはないとされ、どんな高性能の顕微鏡でも見えないくらいに小さい。

ウラン235の原子核の中にあった数個《すうこ》の中性子《ちゅうせいし》が、エネルギーとともに放出《ほうしゅつ》される。その中性子がまた他《ほか》のウラン235に当たって、いくつかの核分裂を起《お》こす。それによって放出された多くの中性子が、さらに多くの核分裂を引き起こす。

このように核分裂が連鎖反応《れんさはんのう》で起きている状態《じょうたい》を「臨界《りんかい》」という。この技術《ぎじゅつ》を兵器《へいき》に応用《おうよう》したものが、原爆《げんばく》などの核兵器《かくへいき》だ。あのキノコ雲《ぐも》は、一気《いっき》に臨界が進《すす》んだあとの名残《なごり》なのだ。これに対して原子力発電は、臨界をゆっくりと進むように制御《せいぎょ》して、さらにその際《さい》に生《しょう》じるエネルギーを利用《りよう》する。

核兵器も原発も、核分裂の際にはエネルギーや中性子とともにγ《ガンマ》線やβ《ベータ》線が放出され、さらに放射線《ほうしゃせん》を放出する核分裂破片《かくぶんれつはへん》（放射性物質《ほうしゃせいぶっしつ》）をまきちらす。

空中《くうちゅう》から地上《ちじょう》などに堆積《たいせき》した放射性物質の量が半分に減《へ》る半減期《はんげんき》は、物質によって、一秒以下《いか》のものから何億年《なんおくねん》という長いものまである。

少しあなたには難《むずか》しかったかもしれない。完全《かんぜん》に理解《りかい》できていなくても大丈夫《だいじょうぶ》。

だって実《じつ》は僕だって、ちゃんと理解《りかい》はできていない。中性子《ちゅうせいし》とかγ《ガンマ》線とか書いているけれど、実際《じっさい》に見たり聞いたり匂《にお》いをかいだりしたことは一度もない。中性子は素粒子《そりゅうし》のひとつだけど、色も形もわからない。誰《だれ》も実際に見たことはないのだから。

原発や放射能問題《ほうしゃのうもんだい》の最大《さいだい》の難《むずか》しさは、おそらくはここにあるのだろう。どうしても実感《じっかん》できない。「核分裂《かくぶんれつ》でエネルギーが発生《はっせい》する」とさっき書いたけれど、これを正確《せいかく》に説明《せつめい》しようとすれば、相対性理論《そうたいせいりろん》や量子論《りょうしろん》*を理解することが必要《ひつよう》になる。光速《こうそく》に近《ちか》づくと時間の進み方が遅《おそ》くなるとか、光は粒《つぶ》でありながら波《なみ》であるとか、この世界は重《かさ》なっている無限《むげん》の数の世界のひとつである可能性《かのうせい》があるとか、僕たちの日常感覚《にちじょうかんかく》ではまったくわからない理論だ。

だから今、書きながら僕は、あらためて思っている。僕たちの日常に密接《みっせつ》につながっている電気をつくるための仕組《しく》みに、(火力や水力発電ならまだわかるけれど)核分裂で生《しょう》じたエネルギーを使うことについて、僕たちはもっと慎重《しんちょう》である

＊相対性理論や量子論　両方とも物理学の研究分野。それぞれ別の理論だが、とても小さい物質を扱う学問でもある。

べきだったのかもしれないと。何だかよくわからないエネルギーを、冷蔵庫《れいぞうこ》や炊飯器《すいはんき》に使うことについて、もっとためらうべきだったのかもしれないと。

もしも世界に自分一人しかいなかったら、僕はもっとためらっていたはずだ。さんざん悩《なや》んだ末《すえ》に、やっぱり火力や水力の発電だけで我慢《がまん》しようと思っていたかもしれない。でも結果《けっか》として、日本は原子力を選択《せんたく》した。なぜならこの社会は一人ではなく、多くの人によって成《な》り立っているからだ。

……ちょっと待って。多くの人が決めるならば、一人よりも正しい判断《はんだん》ができるはずだ。あなたはそう思うかもしれない。多数決《たすうけつ》や民主主義《みんしゅしゅぎ》の意味《いみ》はそこにある。うん。確《たし》かに。でも現実《げんじつ》には、多くの人がいるからこそ、大きな過《あやま》ちを犯《おか》すことは珍《めずら》しくない。これについては、あとで詳《くわ》しく書くつもりだ。今はもう少しだけ、電気と発電について考えよう。

もしも電気以外のエネルギーを人類《じんるい》が発見《はっけん》できていたら、原発は人類の歴史《れきし》から消《き》えているはずだ。原発だけでなく、火力発電や水力発電なども生まれていない。

でも現状《げんじょう》として、電気に変わるエネルギーを人類は発見《はっけん》できていない。これから見つかるかどうかもわからない。電気の実用化《じつようか》は、それほどに画期的《かっきてき》な発見であり、歴史的《れきしてき》な発明《はつめい》だった。だから今の生活を維持《いじ》するため、あるいはもっと便《べん》利《り》で豊《ゆた》かな生活を目指《めざ》すため、電気はなくてはならない存在《そんざい》だ。

つまり発電し続《つづ》けなくてはならない。

しかも今の技術《ぎじゅつ》では、電気を保存《ほぞん》することは難しい。例《たと》えて言えば、つくったらすぐに食べないといけない食材《しょくざい》だ。冷蔵庫《れいぞうこ》に保存することもできないのだ。だから国中《くにじゅう》の電力網《でんりょくもう》に、常《つね》に必要《ひつよう》とされるだけの電気エネルギーを、供給し続ける必要がある。

もちろん、電気が実用化されていなかった時代のような生活でも、自分はまったくかまわないという人はいるはずだ。朝《あさ》は日《ひ》の出《で》とともに起きて、夜は日没《にちぼっ》ともに眠《ねむ》る。畑を自分で耕《たがや》したり魚を捕《と》ったり鶏《にわとり》を飼《か》ったりする自給自足《じきゅうじそく》の生活だ。テレビも見ないし、冷蔵庫や掃除機《そうじき》も使わない。ゲームもしない。エアコンや自動車や電車も使わない。暑《あつ》い夏は団扇《うちわ》を使ったり水を浴《あ》びたりして涼《りょう》をとり、寒い冬は暖炉《だんろ》や囲炉裏《いろり》で身体《からだ》を暖《あたた》める。

　このような生活そのものは、決《けっ》して不可能《ふかのう》ではない。だって百年とちょっと前の生活だ。でも電気は、便利《べんり》で快適《かいてき》な生活を送るためだけに、使われているわけではない。例えば病院《びょういん》。もしも電気がなければ、ほとんどの最先端医療技術《さいせんたんいりょうぎじゅつ》が使えなくなる。助かる人が助からなくなる。多くの産業は衰退《すいたい》するし、工場は閉鎖《へいさ》され、たくさんの人が仕事を失《うしな》う。誰もが自給自足の生活をできるわけではない。そのしわ寄《よ》せは、弱い人や力のない人がまず受ける。

　たぶん僕たちは、電気に馴《な》らされすぎてしまったのだろう。百年とちょっとの期間《きかん》は、人類の歴史からすればあっというまだけど、いま実際《じっさい》にこの時代にいる僕たちにとっては、とても長い期間だ。今さら元《もと》には戻《もど》れない。あなた個人が電気を使わない生活を選《えら》ぶことは、たぶん不可能ではない。でもすべての人に強制《きょうせい》はできない。

だから今のところ、電気を完全に否定《ひてい》することは難《むずか》しい。すべての発電所と縁《えん》を切ることは不可能《ふかのう》だ。でも福島第一原発《ふくしまだいいちげんぱつ》の事故《じこ》を、なかったことにはできない。地震《じしん》や津波《つなみ》はこれからも起きる可能性《かのうせい》がある。しかも日本の原発のほとんどは、炉心《ろしん》を冷《ひ》やさなければいけない構造になっているので、海水《かいすい》を使えるように海の近くに建《た》てられている。ならばまた、同じような事故が絶対《ぜったい》に起きないとは断言《だんげん》できない。

災害《さいがい》だけじゃない。もしもテロリストが原発を標的《ひょうてき》にすれば、もっと悲惨《ひさん》な事《じ》態《たい》になる可能性がある。二〇〇一年九月十一日に起きたアメリカの世界同時多発《どうじたはつ》テロでは、ニューヨークの世界貿易《ぼうえき》センタービルなどが破壊《はかい》されて多くの人が亡《な》くなった。でももしこのとき、テロリストたちが乗ったジェット旅客機《りょきゃくき》が原発に激突《げきとつ》していたら、アメリカはもっと大変な状況《じょうきょう》になっていたかもしれない。桁違《けたちが》いに多くの人が、深刻《しんこく》な被害《ひがい》にさらされていたかもしれない。

つまり福島第一原発の事故《じこ》は、日本だけの問題ではない。世界中の人びとが、今回のことで気がついた。原発にはとても高いリスク（危険性《きけんせい》）があることを。もしも万が一の事態《じたい》が起きたとき、絶対《ぜったい》に取り返しがつかないことを。

福島第一原発事故《ふくしまだいいちげんぱつじこ》から三カ月が過ぎた六月、チェルノブイリ事故《じこ》＊以降《いこう》に国内六基《き》の原発をすべて廃炉《はいろ》にしていたイタリアで、原発を再開《さいかい》するかどうかの国民投票が実施《じっし》されて、九四％以上が再開に反対した。

さらに七月、ドイツは国内七基の原発すべてを停止《ていし》することを決めた脱原発法《だつげんぱつほう》を、議会《ぎかい》で成立《せいりつ》させた。スイスも五基の原発すべてを二〇三四年までに廃炉にすることを宣言《せんげん》し、ブラジルは国内四基の原発建設計画《けんせつけいかく》を白紙《はくし》にすることを決定し、原発を保持《はじ》していないオーストリアは、二〇一五年までに輸入《ゆにゅう》電力も脱原発するという目標を提示《ていじ》した。

＊チェルノブイリ事故　1986年4月、ウクライナのチェルノブイリ原子力発電所でおきた大きな事故。爆発と炉心溶解がおきて大量の放射能が放出され死者も出た。当時は世界最大の原発事故といわれた。

今のところ、世界で最も多く原発を保持している国はアメリカだ。その数は一〇四基。次がフランスで五九基。三位が日本の五四基だ。

でも日本列島《れっとう》の総面積《そうめんせき》は、広大《こうだい》なアメリカと違《ちが》って、地球の陸地《りくち》の総面積のわずか〇・三%足《た》らずしかない。さらに、地震がほとんどないフランスとは違って、多くの活断層《かつだんそう》プレートの上に位置《いち》している世界有数の地震大国《じしんたいこく》だ。

地震は建物《たてもの》を破壊《はかい》する。もちろん耐震設計《たいしんせっけい》は可能《かのう》だけど、今回の大震災《だいしんさい》のように限界《げんかい》はある。そして原発の場合、もし地震や津波などで事故が起きれば、取り返しのつかないダメージを受けることを、僕たちは知った。だって放射能《ほうしゃのう》が危険《きけん》すぎて、近づくことすらできなくなるのだから。

たぶん壊《こわ》れません。でももし壊れたら、近づいて修理《しゅうり》することは、まず不可能です。そして壊れているあいだは、とても危険な物質《ぶっしつ》をまきちらし続《つづ》けます。

……やっぱり、これは無理《むり》がある。建てるときに考えるべきだった。ちょっと待《ま》ってよと言うべきだった。

それだけではない。今回の事故で、日本の原発の裏事情《うらじじょう》を、僕たちはいろいろ知った。例《たと》えば、火力や水力発電に比《くら》べてコストが安いという説《せつ》は、地元《じもと》への交付金《こうふきん》（平均《へいきん》して一基《き》につき十年間で五〇〇億《おく》円）や、発電後に出る放射性廃棄物《ほうしゃせいはいきぶつ》*の処理《しょり》にかかる莫大《ばくだい》な費用《ひよう》を、入れていない金額《きんがく》であったこと。

次に、原発は二酸化炭素《にさんかたんそ》を出さない（だから地球温暖化《ちきゅうおんだんか》を進めない）クリーンな発電と言われていたけれど、原発だけでは出力の細《こま》かな調整《ちょうせい》ができないことと、事故《じこ》などで原発が停止《ていし》したときの備《そな》えとして、常《つね》に火力や水力発電所などとセットで稼働《かどう》させていた（つまり二酸化炭素の排出量《はいしゅつりょう》はそれほどに減《へ》らない）ことなども、今回の事故のあとに、多くの人が知った。

それに、原発は原子炉《げんしろ》を冷却《れいきゃく》するために使った大量の熱《あつ》い水を海に棄《す》てるため

＊放射性廃棄物　放射性物質を含むゴミ。原発燃料・放射線防護服などさまざまな種類がある。軍の核兵器も捨てられた後は核廃棄物というゴミになる。

（例《たと》えば浜岡《はまおか》原発の場合《ばあい》、環境《かんきょう》中より七～八度高い温排水《おんはいすい》が、一基《き》につき毎秒八〇トンも、海水《かいすい》に放出されている）、結局は地球温暖化を引き起こしているとの説《せつ》もあるし、そもそもは核燃料であるウランの発掘《はっくつ》や製造《せいぞう》、輸送《ゆそう》や再処理《さいしょり》などで、相当《そうとう》な量の二酸化炭素《にさんかたんそ》が排出《はいしゅつ》されていることも確《たし》かだ。

事故の可能性以外に、原発における最大《さいだい》の問題点は、必《かなら》ず生まれる放射性廃棄《ほうしゃせいはいき》物《ぶつ》だ。近づくだけで人が即死《そくし》するほどに危険《きけん》な核廃棄物《かくはいきぶつ》は、ガラスで固《かた》めてしまう「ガラス固化《こか》」などの処理《しょり》をしてから、地下深《ふか》くに掘《ほ》った施設《しせつ》などに保管《ほかん》することが提案《ていあん》されている。でも地下に埋《う》めた放射性廃棄物が無害化《むがいか》するまでには、気の遠《とお》くなるような時間がかかる。千年や二千年どころではない。十万年と言う人もいる。その間に、もしもその地下施設の周囲《しゅうい》で直下型《ちょっかがた》の大地震が起きれば、想定《そうてい》される被害《ひがい》は今回の規模《きぼ》どころではない。それに地震が起きなくても、長い年月の間に、放射性廃棄物の放射能によって地下水が汚染《おせん》される可能性だってある。十万年もあとの人類《じんるい》に、地下にそんな危険な物質《ぶっしつ》が隠《かく》されていることを、どうやって伝えるかという問題だってある。

そもそも現状において、地下施設を造《つく》る場所はまだ決まっていない。当然《とうぜん》ながら地元の人は嫌《いや》がる。日本に最初の原発が建設されてから半世紀が過《す》ぎるというのに、いまだに候補地《こうほち》すら見つかっていないのだ。アメリカと日本が共同で、廃《はい》棄物《きぶつ》をモンゴルに運《はこ》んで埋《う》めてしまおうとの計画もあったけれど、ついこのあいだ、モンゴルからは断《ことわ》られた。それはそうだ。危険《きけん》だから自分の家の庭《にわ》ではなく隣《となり》の大きな庭に埋めてしまおうとの発想《はっそう》は（お礼《れい》としてお金を払うとしても）、あまりに無茶《むちゃ》で乱暴《らんぼう》すぎる。断られて当然《とうぜん》だ。

原発《げんぱつ》が増《ふ》えたわけ

第二次世界大戦時にこの国は、広島と長崎に、それぞれ一つずつの原爆を落《お》とされている。さらに戦争後に行われたアメリカの水爆実験《すいばくじっけん》の際《さい》には、多くの日本の漁船《ぎょせん》が南太平洋で被曝《ひばく》した。

いわば、原爆と水爆双方《そうほう》の被害《ひがい》を知る、世界で唯一の国だ。一九四五年時点《じてん》で、広島への原爆では約十四万人が、長崎では約十五万人が死亡《しぼう》したと伝えられている。

でも戦後に、アメリカの圧力《あつりょく》に押《お》し切られる形で、原子力発電の技術が日本に輸入《ゆにゅう》された。……押し切られる形で、と今、僕は書いたけれど、これをむしろ歓迎《かんげい》する政治家もいたし、企業《きぎょう》があったことも確《たし》かだ。

このときに多くの人たちを納得《なっとく》させるために使われたのは、「原子力の平和利用」というフレーズ（言葉）だった。原爆がもたらした凄惨《せいさん》な被害を覚《おぼ》えている人たちの多くは、原子力をエネルギーに変えるなどとんでもないと最初は抵抗《ていこう》を示《しめ》していたけれど、でも何度も「平和利用」と言われるうちに、何となくそんな気分になってきた。そして「平和利用」だけではなく、経済的な発達《はったつ》や先進国《せんしんこく》のシンボルのような意味も、原子力は持ち始めていた。

この時代には「日本は資源《しげん》のない国だから原子力が必要《ひつよう》だ」というフレーズも、

よく使われた。これはかつて、『ＡＢＣＤ包囲網《ほういもう》』*として欧米諸国《おうべいしょこく》に石油の輸入《ゆにゅう》を絶《た》たれたことが戦争《せんそう》のきっかけになって、結果的《けっかてき》には大変な目にあったという記憶《きおく》を持っている当時の人たちにとって、たぶん殺し文句《もんく》だったのだと思う。よく考えればウランだって輸入するしかないし、資源がないからこそ自然エネルギーを使おうと考えるべきだったのだけど、そこまでは誰も考えなかった。あるいは思っても口にしなかった

もしも万が一のことが起きたら、原発は取り返しのつかないことになる。近づくことすらできなくなる。特にこの国は、原子力を使った兵器《へいき》で多くの人が死んでいる。その記憶《きおく》は絶対《ぜったい》に消《き》えない。忘《わす》れることなどありえない。ならば簡単《かんたん》だ。万が一のことなど絶対に起きない。そう考えればいいのだ。原発を推進《すいしん》したい人たちは、きっとそう考えたのだろう。核の平和利用というフレーズも、核でこれほどにひどい目にあったという記憶があるからこそ、ある種《しゅ》の敵討《かたきう》ちのような気分にスライドしたという見方もできる。いずれにしても間違っ

* ABCD包囲網　1941年、太平洋戦争開始直前、すでに日中戦争をおこなっていた日本に対する、アメリカ（A）、イギリス（B＝ブリテン）、中国（C＝チャイナ）、オランダ（D＝ダッチ）各国の共同包囲戦線をさした用語。

ている。間違っているけれど、ほとんどの人は「ちょっと待って」と言わなかった。何となく雰囲気《ふんいき》に流されてしまっていた。

こうして一九五〇年代の高度経済成長期《こうどけいざいせいちょうき》に、「原発は絶対《ぜったい》に安全である」とする原発神話《げんぱつしんわ》が、政府やメディアによって形成《けいせい》された。広島や長崎の記憶《きおく》があるだけに、この神話は強固《きょうこ》なものにされなければならなかった。今回の事故《じこ》が起きる前までは世界最大の民間《みんかん》電力会社だった東京電力が設立《せつりつ》されたのも、やっぱりこの時代だった。

今になって思えば、「絶対に安全である」だなんて絶対におかしい。ありえないよと言うべきだった。安全神話と多くの人は言うけれど、神話とは神の話だ。現実かどうかの証明《しょうめい》は誰《だれ》にもできない。ヤマトタケルが巨大《きょだい》なヤマタノオロチを退治《たいじ》したとか、地下の死者の世界はハーデスという神が統治《とうち》しているなどと、信じている人はほとんどいない。つまり神話とはファンタジーなのだ。

でも原発神話は、多くの人が信じ込んだ。ファンタジーがリアルになってしまった。

そこにはもちろん、政府やメディアによるプロパガンダ*（宣伝《せんでん》や刷《す》り込《こ》み）が、大きな要素《ようそ》として働いている。

この時代に誕生《たんじょう》した鉄腕《てつわん》アトムは、体内《たいない》に埋《う》め込《こ》まれた超小型原子炉《ちょうこがたげんしろ》が動力源《どうりょくげん》という設定《せってい》になっている。（子ども時代の僕のヒーローだった）8《エイト》マンやサイボーグ009《ゼロゼロナイン》も、そしてあなたがよく知っているドラえもんも、やっぱり小型原子炉が体内に内蔵《ないぞう》されている。

こうしてこの国の人たちが持っていた原子力への抵抗感《ていこうかん》は、少しずつ薄《うす》くなっていった。

もしも間違《まちが》った情報でも誰かが信じれば、その情報はその人を経由《けいゆ》して、さらに多くの人に伝わる。その多くの人はまた情報を発信《はっしん》しながら、さらに多くの人に影響《えいきょう》を与《あた》える。

つまり「臨界《りんかい》」と同じような現象《げんしょう》だ。

＊プロパガンダ　特定の考え方や行動に賛成させようとする意図を含んだ宣伝。

こうして間違った情報がいつのまにか、誰も疑《うたが》わない前提《ぜんてい》になってしまう。一人なら「ありえないよ、そんなこと」と言っていたはずなのに、絶対《ぜったい》にやらなかったはずなのに、多くの人が同じようなことを言ったりやったりしていると、人はどうしてもその集団の動きに従《したが》ってしまう。少し難しい言葉だけど、これを「同調圧力《どうちょうあつりょく》」*という。覚《おぼ》えてほしい。特にこの国における原発の問題を考えるとき、この言葉はとても重要な意味を持つ。

日本には現在、北海道電力や九州電力など、分けられた事業地域《じぎょうちいき》ごとに一〇の電力会社**がある。そのうちで最《もっと》も大きい東京電力は、それぞれの電力会社に区分《くわ》けされた自分の事業地域内に、自分たちが運営《うんえい》する原発をまったく置《お》いていない唯一《ゆいいつ》の電力会社だ。

その理由はわからない。でも想像《そうぞう》はできる。東京電力の事業地域内には、政治や経済の中心である東京があるからだ。だから自分たちが使う電力を、自分たちから離《はな》れた土地でつくっている。福島原発もそのひとつだ。でもこれは、原発が

＊同調圧力　教室とか会社などの集まりの中で、他の大勢の人たちと同じようにふるまったり考えたりしないと気まずく感じてしまう重苦しい雰囲気。

＊＊10の電力会社　地域ごとの電力会社、北海道・東北・北陸・東京・中部・関西・中国・四国・九州・沖縄の10社のこと。

建てられた地域に住む人たちにとっては、あまりにアンフェアで不合理《ふごうり》すぎる。

ここからわかることは、「原発は絶対に安全である」と言われていたけれど、やっぱり本音《ほんね》としては「自分の家の近くには建ってほしくない」と、多くの人たちは思っていたということだ。

実のところは不安だった。でも自分以外の多くの人が、「事故なんて起きないよ」と言っている。学者やメディアや政治家も、「原発は絶対に安全です」と言っている。だからとりあえず、不安であることは黙《だま》っていよう。

実《じつ》のところ、これが原発についての多くの日本人たちの意識《いしき》であり、本音だったと僕は思う。政治家や財界《ざいかい》の人たちも、一応《いちおう》は「絶対に安全です」と言いながら、本音としては不安だったのだ。確《たし》かに同調圧力《どうちょうあつりょく》は働《はたら》いていたけれど、だからといって神話《しんわ》を完全に信じるほど愚《おろ》かではない。

自分の家がある町内に建てることが不安ならば、そんなものを隣町《となりまち》に建てないでくれ。東京電力の原発建設予定地に暮《く》らす人たちは、当然《とうぜん》ながらそう言って反対した。あなたたちが使う電力をつくる発電所なのだから、あなたたちの家の近くに建ててくれ。

とても正しい理屈《りくつ》だ。でもやっぱり家の近くには建てたくない。ところが東京は電力がたくさん必要だ。何とか隣町の人たちに、「原発を受け入れる」と言わせなくてはならない。

そこで原発を受け入れた地域には、多額《たがく》の交付金《こうふきん》や税金《ぜいきん》が、政府や東電から支《し》払《はら》われることになった。さらに原発が建てば多くの作業員《さぎょういん》が必要になるから、地元の雇用《こよう》が生まれる。仕事がなくて困っていた人たちも大助かりだ。親子二代の原発作業員という人たちもたくさんいる。だから福島のように一度原発を建設してしまった地域では、なかなか原発を手放《てばな》せなくなってしまう。オマケが豪華《ごうか》すぎるのだ。オマケなしでは生活が苦しくなる。もしも原発の数が減《へ》れば、そこで働いていた多くの人たちが、仕事を失うことになる。だから地元としては、原発はいらないとはなかなか言えなかった。

つまり原発を受け入れれば、とりあえずは得《とく》をする。大企業は豊富《ほうふ》な電力を使ってどんどん成長できるし、地元は交付金《こうふきん》や税金《ぜいきん》で潤《うるお》うことができる。建設会社は仕事が増《ふ》えるし、これらを管轄《かんかつ》するお役所にとっては、職員《しょくいん》が退職《たいしょく》したあとの天下《あまくだ》り先を確保《かくほ》できる。

こうした「目先《めさき》の得《とく》」のことを「利権《りけん》」という。

特に電力事業は、こうした利権の典型《てんけい》だ。なぜなら国家事業《こっかじぎょう》と結《むす》びついているから、大義名分《たいぎめいぶん》をつくりやすい。多くのお金が動く。こうして民間企業も役所も住民も一緒《いっしょ》になって、自分たちの利益《りえき》を増やすことに夢中《むちゅう》になってしまった。

何《なん》てあさましいと、あなたは思うかもしれない。僕もそう思う。でも現実でもある。人は理屈《りくつ》だけでは生きられない。ほとんどの仕事は、多かれ少なかれ、この利権と切り離《はな》せない。特に原発は、この利権が、あまりにも巨大《きょだい》になりすぎた。目的を達成《たっせい》するための利権だったはずなのに、利権そのものがいつのまにか目的になってしまっていた。

ならば間違《まちが》えることは当たり前だ。

多くの人たちが不安をごまかしてしまったもう一つの理由は、放射能《ほうしゃのう》や原子力について研究する機関《きかん》や大学、そこにいる多くの学者や研究者が、安全性を強調したからだ。

前にも書いたけれど、放射能や原子力を理解《りかい》することは相当《そうとう》に難《むずか》しい。いまだに解明《かいめい》されていないことも多い。だからこそ研究者や学者など、専門家の発言《はつげん》が重要《じゅうよう》なものになる。ところが原発の危険性を主張《しゅちょう》したり建設に反対したりする研究者たちは、研究予算《けんきゅうよさん》を分配《ぶんぱい》されなかったり出世《しゅっせ》できなくなるなど、ある意味でいじめのような状況《じょうきょう》に置《お》かれることが普通《ふつう》だった。安全であると主張する人ほど、出世したり多くの研究費《けんきゅうひ》をもらえるような仕組《しく》みができあがっていた。これもまた、一種《いっしゅ》の利権といえるだろう。

こうして原発神話《しんわ》に、いくつかの仕組みや思い込みや利権が重《かさ》なった結果《けっか》としてこの国は、世界有数《ゆうすう》の地震国でありながら、さらに原爆と水爆の被害《ひがい》を知っている世界で唯一《ゆいいつ》の国でありながら、気がついたら世界第三位の原発保有《ほゆう》国になっていた。

一緒に考えよう

だから結論《けつろん》。事故が起きてしまった以上、この国でこれまでのように原発を維持《いじ》することは難《むずか》しい。日本国内における電力消費《しょうひ》の割合《わりあい》は、原発が三割《わり》と言われてきた。ならば原発がすべて停止《ていし》したら電力の三割がなくなると早合点《はやがてん》して、原発は今までと同じように必要だと主張する人がいる。

でも結局はこれもまた、原発神話を補強《ほきょう》するためのプロパガンダだった。実際《じっさい》には、それほど単純《たんじゅん》ではない。原発は定期的《ていきてき》に停止して、点検《てんけん》をしなければならない。そのあいだは火力や水力発電でカバーしている。原発が三割近くの電力を供給していたことは、確《たし》かに嘘《うそ》ではないけれど、仮《かり》に原発がすべて停止したとしても、今ある火力や水力発電をフル稼働《かどう》させて、さらに太陽光《たいようこう》や風力発電をもっと積極的《せっきょくてき》に使えば、相当《そうとう》にカバーすることは可能《かのう》なのだ。。

ただし真夏《まなつ》の暑いとき、つまり電力消費のピーク時には、さすがに火力や水力発電だけでは追《お》いつかないかもしれない。でも少なくとも、五四基は必要ない。それに電力消費のピーク時は、年間で十数時間くらいしかないと試算《しさん》されている。ならば節電《せつでん》や工場の稼働時間帯《たい》をずらすなどの工夫《くふう》で、十分《じゅうぶん》に乗《の》り越《こ》えられるはずなのだ。発電と送電を分離して電力会社の独占体制《どくせんたいせい》を見直《みなお》すとか、電気料金の価格設定《かかくせってい》を変えるとか、改善《かいぜん》できることはたくさんある。

ついでに書くけれど、電力が余《あま》っている夜中《よなか》の節電は、実《じつ》のところあまり意味がない。まあ電気を大事《だいじ》に使おうとの意識を持つためには、効果《こうか》があるかもしれない。

一時《いちじ》に比《くら》べれば報道《ほうどう》の量はずいぶん少なくなったけれど、福島第一原発の事故は、まだまだ終息《しゅうそく》などしていない。今もまだ復旧《ふっきゅう》の段階《だんかい》ではなく、事故が続いているとの見方《みかた》もできる。その意味では福島第一原発の事故は、チェルノブイリよりずっと深刻《しんこく》だ。再臨界《さいりんかい》という最悪《さいあく》の事態《じたい》が、これから絶対《ぜったい》に起きないという保《ほ》証《しょう》はない。放射性物質《ほうしゃせいぶっしつ》は福島だけではなく、広くその周囲《しゅうい》にまで拡散《かくさん》した。影響《えいきょう》をまったく受けない人はいないだろう。

仮《かり》にもし、日本でいま稼働中《かどうちゅう》の原発がすべて停止して廃炉《はいろ》になったとしても、使用済《ず》み核燃料はたっぷりと残《のこ》されている。これを棄《す》てる場所も決まっていない。つまりトイレがない。でも家はできてしまっている。多くの人が住んでいる。本当はそこまで考えて、家を建てるべきだったのだ。半減期《はんげんき》の短いヨウ素《そ》131はやがて消《き》えたとしても、セシウム137は一〇〇〇分の一になるまでに三百年かかる。

つまり僕たちは、これからは放射能と共存《きょうぞん》するしかない。

もう一度書くけれど、これだけ狭《せま》い国土《こくど》で、しかも世界有数《ゆうすう》の地震国で、世界第三位の五四基の原発を保持《ほじ》したことに、そもそもの無理《むり》があったのだ。放射能《ほうしゃのう》は見えない。匂《にお》いもしないし、音もしない。しかもどれだけ人の身体《からだ》に害《がい》を及《およ》ぼすのか、実《じつ》のところはまだよくわかっていない。でも深刻《しんこく》な害があることは確《たし》かだ。

よくわからないが深刻な害があることだけは確かなものを、電気という生活に密着《みっちゃく》したエネルギーをつくることに使うべきではなかったのだ。

だから僕たち大人は、まずはあなたたち子どもに謝《あやま》らなくてはならない。

本当にごめんなさい。

こんな狭《せま》い国土《こくど》で五四基の原発など、あまりに多すぎると発言《はつげん》するべきだった。これだけ地震が多いのに、もしも事故が起きたら取り返しのつかないことになると考えるべきだった。絶対に安全なものなど世の中には存在しないのに、絶対に安全であることを前提《ぜんてい》にすべきではないと主張《しゅちょう》するべきだった。

でもそれをしなかった。深く考えなかった。周囲《しゅうい》の多くの人たちが気にしていないから、自分も気にしていなかった。その結果《けっか》として、今のこの事態《じたい》を引き起こした。散《ち》らばった放射性物質《ほうしゃせいぶっしつ》で最《もっと》も大きな被害《ひがい》を受けるのは、間違《まちが》いなく僕たち大人よりも、あなたたち子どもの世代《せだい》だ。

だからもう一度ごめんなさい。謝《あやま》って済《す》むことではないけれど、偉《えら》そうなことを書くのなら、僕はまず、あなたたちに謝らなければならない。政府や東電も謝らなければならないけれど、何も言わなかった僕たち大人にも大きな責任《せきにん》がある。

「ゆうだい君」や多くの人が書いた手紙を読みながら、あまりにいろいろな意見《いけん》があることに、あなたはきっと驚《おどろ》いたと思う。僕も少しだけ驚いた。東電は謝って当然《とうぜん》だという意見がある。東電だけが悪《わる》いわけじゃないという意見もある。東電よりも政府のほうが悪いという意見もある。東電の人たちはかわいそうだとの意見もある。

どれが正しくて、どれが間違っている、ということではないと僕は思う。それぞれがそれぞれそれなりに正しい。

世の中の現象《げんしょう》のほとんどは、とても多面的《ためんてき》な構造《こうぞう》をしている。形としては、食事やお酒を飲むお店で、天井《てんじょう》から下げられた巨大《きょだい》なミラーボールを想像してほしい。

無数の小さな鏡《かがみ》が表面に貼られたミラーボールは、立つ場所によって、それぞれの鏡に映る景色や人が違う。少し動くだけで、くるくると変わる。でもどれもミラーボールの一面だ。どれかが嘘《うそ》でどれかが真実《しんじつ》ということではない。見方《みかた》や立場によって変わるだけ。知っていることや環境によって変わるだけ。

でも「いろんな見方がある」というだけでは、すまないときがある。どの見方をするべきかを決めなければいけないときがある。

きっと今はそのときなのだ。

じつは大人もわかっていない

そもそもは放射能《ほうしゃのう》について、僕たちはよくわかっていない。福島第一原発の事故が起きたとき多くの人たちは、テレビや新聞などのマスメディア*は嘘ばかりついて、本当の情報を隠《かく》していると怒《おこ》っていた。

メディアをかばうつもりはないけれど、でもこの見方は少し違《ちが》うと僕は思う。福島第一原発の事故について、あるいは放射能の危険性《きけんせい》について、本当のことを知っているのに隠していたわけでは決《けっ》してない。だって事故直後の原発には、誰《だれ》も近づくことさえできなかった。想像で状況を伝えることしかできない。そして放射能についても、その危険性の真実を知る人は誰もいない。

原発は、原子核が分裂《ぶんれつ》するときに発生《はっせい》する熱《ねつ》エネルギーを使って、電気を起こ

＊マスメディア　テレビ・ラジオ・新聞・出版など多くの人に情報や影響を及ぼす情報伝達手段。インターネットも含まれる。

す。でもこのときに原子核は、セシウムやストロンチウムなどの放射性物質《ほうしゃせいぶっしつ》を放《ほう》出《しゅつ》する。これは前に書いたよね。

放射性物質は放射線《ほうしゃせん》を出す。この放射線が身体《からだ》に当たると、いろいろな害《がい》を及《およ》ぼす。たくさん浴《あ》びればすぐに身体に影響《えいきょう》があらわれる。量によっては即死《そくし》するほどに危険《きけん》な物質だ。少なければすぐには何も起きないけれど、何年か経《た》ってから、癌《がん》などの病気《びょうき》を引き起こす可能性《かのうせい》がある。

そこまではわかっている。でも逆《ぎゃく》にいえば、それくらいしかわかっていない。人体実験《じんたいじっけん》をするわけにはゆかないのだから。

マリ・キュリー*がラジウムやポロニウムという放射性物質を発見《はっけん》してノーベル物理学賞《ぶつりがくしょう》をとったのは一九〇三年だ。核分裂《かくぶんれつ》という現象《げんしょう》が明《あき》らかになったのは、それから三十五年後の一九三八年で、七年後には広島と長崎に原爆が落《お》とされている。

つまり原子力についての歴史は、電気よりもさらに新しい。ところがこれほど

* マリ・キュリー　(1867～1934)。ポーランド生まれのフランス人物理学者。放射線の研究でノーベル化学賞受賞(1911年)。

に実用化《じつようか》されるようになってしまった。核兵器《かくへいき》を他の国より先《さき》に開発《かいはつ》しなくてはならないとの意識《いしき》が背景《はいけい》にあったことで、明らかに急《いそ》ぎすぎた。焦《あせ》りすぎた。だからいまだにわからないことは、いくらでもある。

広島や長崎などの原爆を別《べつ》にすれば、過去の原発事故は、アメリカのスリーマイルとウクライナのチェルノブイリしかない。でもスリーマイルでは人的被害《じんてきひがい》は公式《こうしき》にはなかったことになっているし、チェルノブイリの事故も、しっかりとデータが世界中の研究者たちによって研究され、解析《かいせき》されたわけではない。たった数百人の被害《ひがい》しかないと主張する人もいれば、数十万人単位で癌《がん》が発生《はっせい》したと唱《とな》える人もいる。

その意味では、放射能よりもずっと以前《いぜん》に人類の歴史に登場したタバコの害《がい》と似《に》ているかもしれない。害があることは確《たし》かだけれど、どの程度《ていど》の量のタバコをどのくらいの期間《きかん》吸《す》ったら健康に深刻《しんこく》な害が生じるのか、確かなことはいまだにわからない。ほぼ必《かなら》ず肺癌《はいがん》になると主張する人もいれば、それほどの害ではないと主張する人もいる。人によっても違《ちが》うし、環境によっても変わる。

タバコですらそうなのだ。ならば放射能《ほうしゃのう》については、もっとわからなくて当然《とうぜん》だ。だから研究者や学者によって、その危険性《きけんせい》や害悪《がいあく》についての発言《はつげん》はばらばらだ。むしろそれが当然なのだ。急性放射線障害《きゅうせいほうしゃせんしょうがい》としては、例《たと》えば約4Gy（グレイ）*の被曝《ひばく》で半数《はんすう》の人が死亡《しぼう》するとされている。これはほぼ確か。なぜなら外部《がいぶ》被曝《ひばく》だから、統計《とうけい》がとりやすい。

わからないのは慢性放射線障害《まんせいほうしゃせんしょうがい》だ。つまり内部被曝《ないぶひばく》。将来《しょうらい》において白血病《はっけつびょう》や癌《がん》などを発病《はつびょう》するかどうかは、確率《かくりつ》でしか言えない。被曝が長期的《ちょうきてき》にどの程度《ていど》の危険をもたらすかについては、人体実験《じんたいじっけん》が不可能《ふかのう》なことや、観察《かんさつ》には長い期間が必要なこと、観察の対象が設定《せってい》しづらいことなどの理由《りゆう》で、いまだに正式な見解《けんかい》は定《さだ》まっていない。

でも少なくとも、タバコは吸《す》わないほうがいい。害があることは確かなのだ。

＊Gy（グレイ）　放射線の単位。物体に吸収された放射線エネルギー（吸収線量）を表す単位。

放射能《ほうしゃのう》も同様だ。少量の被曝であっても遺伝子《いでんし》を傷《きず》つけ、白血病《はっけつびょう》や癌《がん》などを発病する可能性があり、被曝線量《ひばくせんりょう》が高くなればなるほど発病の危険が高くなるという見方《みかた》は確かなのだ。ならば最大限《さいだいげん》に危険性を見積《みつ》もるべきだ。あとで泣《な》いたり後《こう》悔《かい》したりするよりはよほどいい。

採掘《さいくつ》した天然《てんねん》のウランを発電所の燃料にするためには、濃縮《のうしゅく》という作業《さぎょう》をしなくてはならない。そのあとに出るウランのゴミが劣化《れっか》ウランだ。ボスニアやコソボ、イラクなどの戦場《せんじょう》で、多国籍軍《たこくせきぐん》や米軍《べいぐん》は、この劣化ウランを砲弾《ほうだん》や銃弾《じゅうだん》の材《ざい》料《りょう》として使用した。なぜならウランはものすごく重《おも》いので、装甲車《そうこうしゃ》や戦車《せんしゃ》の鉄板《てっぱん》を撃《う》ち抜《ぬ》くことができるからだ。

核分裂《かくぶんれつ》はしないけれど、劣化ウランはきわめて強い放射能を持《も》っている。だから劣化ウラン弾《だん》が使用された戦場周辺《しゅうへん》で、小児《しょうに》癌や白血病が急増《きゅうぞう》した。多くの子どもたちが今も死んでいる。

劣化ウランの危険性も、やっぱりまだ、完全には解明《かいめい》されていない。放射能ではなく、ウランがそもそも持っている強烈《きょうれつ》な毒性《どくせい》によって健康被害《けんこうひがい》が出たのだとする説《せつ》もある。いずれにしても、現在《げんざい》の状況と劣化ウランとの因果関係《いんがかんけい》を示《しめ》すためには、サンプル数《すう》は少なすぎるし、観察の期間も短すぎるのだ。

でも、細《こま》かな確率《かくりつ》や因果関係に不明《ふめい》な点があるにしても、被害があることは間《ま》違《ちが》いない。実際《じっさい》に現地《げんち》では、多くの子どもたちが死んでいる。ならば使用はやめるべきだ。とても当たり前のこと。その劣化ウランの材料には、日本の原発で使うウランを濃縮《のうしゅく》する際《さい》に出たゴミを利用している可能性もある。

今回の福島第一原発事故で、これまで知らなかったいろいろなことがわかってきた。でもそれらすべてが、これまで政府や東電によって巧妙《こうみょう》に隠《かく》されていたわけではない。気がついたら五四基もの原発が存在していた。しかもそのほとんどは、海水で原子炉を冷却《れいきゃく》しなくてはならないので海岸線沿《かいがんせんぞ》いに建設《けんせつ》されている。

地震《じしん》もあれば、津波《つなみ》の被害《ひがい》も想定《そうてい》しなくてはならない。本当ならばもっと早い段階《だんかい》で、（僕も含めて）多くの人が、「ちょっと待《ま》ってよ」と言わねばならなかった。でも言わなかった。偉《えら》い人や多くの人が問題視《もんだいし》していないのだから、自分が問題視する必要はないだろうと思っていた。いや、それも嘘《うそ》だ。自分をごまかしてはいけない。そもそも関心《かんしん》すら持っていなかった。どうにかなるだろうと思っていた。だからこんなことになったのだ。

二酸化炭素排出《にさんかたんそはいしゅつ》のこと、あるいは原発設置《せっち》のための費用《ひよう》のこと、あるいは災害《さいがい》への備《そな》えについて、もしも事故が起きたらどんなことになるのか、東電だけでなく日本の電力会社の多くは、これまで国民にしっかりと伝えようとはしてこなかった。それは確《たし》かだ。

だから東電にはその責任《せきにん》がある。原子力安全《げんしりょくあんぜん》・保安院《ほあんいん》や原子力安全委員会《げんしりょくあんぜんいいんかい》など、原発の安全性をチェックするために設置《せっち》された機関《きかん》にも責任がある。それらを統括《とうかつ》する経済産業省《けいざいさんぎょうしょう》にだって責任はある。かつて原発設置を推進《すいしん》して安全神話《しんわ》を広げた日本政府やマスメディアにも責任がある。

「会社」って何だろう?

あなたに知ってほしいことがある。今から半世紀以上も前に、熊本県水俣市《くまもとけんみなまたし》を中心として発生《はっせい》した水俣病《みなまたびょう》についてだ。

「病《やまい》」と命名《めいめい》されているけれど、その原因《げんいん》は菌《きん》やウイルスなどではない。水俣市にあったチッソという化成会社《かせいがいしゃ》の工場《こうじょう》が、メチル水銀《すいぎん》を大量に含《ふく》む工場廃液《はいえき》を海に大量に棄《す》てていたために、この付近で捕《と》れた魚などを食べた人たちが、重度《じゅうど》の中毒症状《ちゅうどくしょうじょう》を起こしたのだ。何十万人もの被害者《ひがいしゃ》が出て、推定《すいてい》で四万人以上が亡《な》くなった。

原因が廃液とわかってからも、国とチッソは、廃液がそれほどに有害《ゆうがい》とは知らなかったし、知らなかったことに罪《つみ》はないと主張《しゅちょう》した。でも住民たちが訴《うった》えた裁《さい》判《ばん》は、国とチッソに責任があることを認定《にんてい》し、チッソの幹部社員《かんぶしゃいん》二人が有罪判決《ゆうざいはんけつ》となった。
もちろんわざとやったわけじゃない。でも結果《けっか》には責任《せきにん》を負《お》わなくてはならない。チッソはプラスティックを製造《せいぞう》していた。そのプラスティックから多くの商品がつくられた。冷蔵庫《れいぞうこ》もテレビも洗濯機《せんたくき》も、プラスティックがなければつくれなかった。つまり電気と一緒《いっしょ》だ。この国の誰《だれ》もがプラスティックを利用していた。でもだからといって、国民すべてに、チッソや政府と同じだけの責任があるわけではない。

つまりどう考えても、東電に責任があることは確《たし》かだ。しかも原発については、地震《じしん》や津波《つなみ》でこうした状況になってしまう可能性《かのうせい》があることを知っていたはずなのに、そんな情報《じょうほう》を東電は公開《こうかい》してこなかった。起《お》きるはずがないという安全神《しん》話《わ》を、いつのまにか自分たちも信じ込んでしまっていた。運営《うんえい》や建設費用《けんせつひよう》、二酸化炭素《にさんかたんそ》の排出量《はいしゅつりょう》などについても、正確《せいかく》に情報公開してきたとは言い難《がた》い。

だから東電には責任がある。政府や多くの機関《きかん》にも責任がある。知らせるべきことを知らせなかったからだ。

でもだからこそ、ここでもう一度、ゆうだい君の手紙の最初《さいしょ》の文章を思い起《お》こしてほしい。

「突然《とつぜん》ですが、僕のお父さんは東電の社員です」

だからゆうだい君にとっては、東電への批判《ひはん》や悪口《わるぐち》は、自分のお父さんへの批判や悪口に聞《き》こえてしまう。

例《たと》えば東電の社員たちを憎《にく》む人。ひどい目にあわせてやりたいとまで口にする人。

世の中には実際《じっさい》に、そういう人たちがいる。でもきっとそういう人たちの多くは、福島から避難《ひなん》してきた人たちを差別《さべつ》する人たちと同じなのだと僕は思う。事《じ》件《けん》や不祥事《ふしょうじ》が起《お》きるたびに、悪いのは誰《だれ》だと大きな声をあげる人たちだ。悪《わる》いやつは成敗《せいばい》してやると叫《さけ》ぶ人。もしかしたら自分にも責任《せきにん》があるのではとか、絶対《ぜったい》に考えない人たちだ。

企業《きぎょう》の責任と、そこで働《はたら》く人たちの責任とを、絶対に一緒《いっしょ》にすべきではない。もちろん企業は、そこで働いている人たちによって構成《こうせい》されている。その意味《いみ》では、一人ひとりにも責任がある。でもその責任は、企業という大きな組織《そしき》が負《お》うべき責任とは、絶対に違《ちが》うはずだ。

組織で生きること

第二次世界大戦が終わったとき、ナチスドイツによって占領《せんりょう》されていた地域《ちいき》に建設《けんせつ》された複数《ふくすう》のユダヤ人収容所《じんしゅうようじょ》で、多くの遺体《いたい》が発見《はっけん》された。ナチスドイツによるホロコースト（ユダヤ人大虐殺《じんだいぎゃくさつ》）だ。

正確《せいかく》な数字はわからないけれど、六〇〇万人近いユダヤ人が収容所に運《はこ》ばれて、毒《どく》ガスなどで殺された。男も女も老人も。子どもも病人も幼児《ようじ》も。シャワーを浴《あ》びるだけだとだまされてガス室《しつ》に詰《つ》め込まれて、苦しみもだえながら死んでいった。

もう一度書くよ。六〇〇万人*。ゼロが六つ。とんでもない数だ。この事実《じじつ》が発《はっ》覚《かく》したとき、当然《とうぜん》ながら世界は激《はげ》しいショックを受け、戦後《せんご》すぐに多くのナチス高官《こうかん》が、「戦争犯罪《はんざい》」や「人道《じんどう》に対する罪《つみ》」で有罪《ゆうざい》を宣告《せんこく》されて処刑《しょけい》された。

確《たし》かにホロコーストは、あまりにおぞましい犯罪だ。でもならばナチスやドイツの兵士たちは、すべて血に飢《う》えた凶悪《きょうあく》な人たちだったのだろうか。彼らを応援《おうえん》していたドイツ国民たちはみな、残虐《ざんぎゃく》でおぞましい人たちだったのだろうか。

もちろんそんなはずはない。

最《もっと》も多くのユダヤ人を虐殺《ぎゃくさつ》したとして、ホロコーストのシンボルのような存在《そんざい》になったアウシュビッツ強制収容所《きょうせいしゅうようじょ》の所長《しょちょう》を務《つと》めていたルドルフ・ヘスは、妻《つま》と五人の子どもを愛する良《よ》き夫《おっと》で愛情深《あいじょうぶか》い父親だった。ドイツからポーランドにあ

＊600万人　東京都の全人口の約半分弱と同じくらいの人数の当たる。東京都民の2人に1人が亡くなったのと同じくらい。

るアウシュビッツ収容所に呼《よ》び寄《よ》せた家族を、ガス室《しつ》のすぐ近くにあった官舎《かんしゃ》に住まわせて、休日には子どもたちと家庭菜園《かていさいえん》などで汗《あせ》を流していた。戦後にポーランドで裁《さば》かれたヘスは当然《とうぜん》のように死刑《しけい》を宣告《せんこく》され、アウシュビッツの自分たちの家があったすぐ横《よこ》で、首を吊《つ》られて処刑《しょけい》された。

数年前にアウシュビッツを訪《たず》ねたとき、僕はその絞首台《こうしゅだい》のあとを見た。ヘスたち家族が暮《く》らしていた家も見た。悲しかった。切《せつ》なかった。処刑される直前にヘスは、こんな文章を残している。

「私は第三帝国《だいさんていこく》*（ナチスドイツ）の巨大《きょだい》な虐殺機械《ぎゃくさつきかい》の一つの歯車《はぐるま》にされてしまった。その機械はすでに壊《こわ》されて、エンジンも停止《ていし》した。だが私は、それと運命《うんめい》を共《とも》にせねばならない。世界がそれを望《のぞ》んでいるからだ」

もちろん、東電とナチスドイツはまったく違《ちが》う。東電はガス室などつくってい

＊第三帝国　ドイツがナチス時代に名乗ったドイツの別称。

ない。大虐殺もしていない。

でも組織《そしき》と個人の関係という意味では、実《じつ》はとてもよく似《に》ている。人は組織の一員《いちいん》となったとき、普通《ふつう》ならありえないようなことをしてしまうことがある。あとで考えれば「なぜあんなことを」と思うことでも、深《ふか》く考えずにやってしまうときがある。

ナチスドイツだけじゃない。同じことは日本にも言える。第二次世界大戦ではアジアの多くの人たちを苦しめた。なぜそんなことができたかといえば、「この戦争はアジアを西洋列強《せいようれっきょう》の植民地政策《しょくみんちせいさく》から救《すく》うために始まった聖戦《せいせん》だ」と多くの人が思っていたからだ。

でも実際《じっさい》にやっていることは、その理想《りそう》とはまったく違《ちが》っていた。

昔だけの話ではない。例《たと》えば三〇〇〇人の被害者《ひがいしゃ》が出たアルカイダの同時多発《どうじたはつ》テロ。その報復《ほうふく》としてアフガンやイラクを攻撃《こうげき》したアメリカ（結果として、イラクだけでも何万人もの人が死んだ）。一〇〇万人もの人が隣人《りんじん》たちに虐殺《ぎゃくさつ》されたと言われるアフリカのルワンダ。これらの戦争や虐殺で使用される兵器《へいき》や爆薬《ばくやく》を、仕事として作る軍需産業《ぐんじゅさんぎょう》。世界の穀物《こくもつ》や石油に対しての支配を進める穀物や石油などのメジャー（巨大企業複合体）。

これらの共通点は、個人ではなく組織体《そしきたい》であることだ。つまり多くの人たち。今も世界のどこかで、組織が人を苦しめている。組織が人を殺している。その組織にいる人たちは、仕事としてそれを行っている。

なぜそんなことができるのだろう。なぜそんな残虐《ざんぎゃく》なことができたのだろう。あなたはきっと、普通ならできないはずだと考える。自分がもし、あの時代のドイツに生まれてナチスの兵士になっていたとしたら、きっと命令《めいれい》には従《したが》っていないはずだ。そんな残酷《ざんこく》なことはできませんと上官《じょうかん》に反論《はんろん》しているはずだ。そう考えてあなたは、やっぱりわからなくなる。なぜあんな残虐なことができたのだろう。

あなたに知ってほしい実験《じっけん》がある。一九六三年にアメリカのイェール大学で、心理学者のスタンレー・ミルグラムが行《おこな》った実験だ。その結果は学術誌《がくじゅつし》に発表されて、世界に大きな衝撃《しょうげき》を与《あた》えた。

一般市民から実験参加者を選《えら》ぶことから、ミルグラム実験は始まった。イェール大学に集められた参加者たちは、この実験は「学習における罰《ばつ》の効果《こうか》を測定《そくてい》するものだ」と説明《せつめい》され、別室《べっしつ》に拘束《こうそく》されて電極《でんきょく》を取り付けられたイェール大学の学生に、電気ショックを与え続けることを命《めい》じられた。スイッチを押す参加者の部屋にはスピーカーが設置されていて、学生の苦痛《くつう》を訴《うった》える声がずっと聞こえるようになっていた。

ただし実は、学生の苦痛は演技《えんぎ》なのだ。実際に電気は流れていない。でも参加者はそのことを知らされていない。つまりドッキリみたいなものだ。ただしこのドッキリは、テレビのバラエティ番組ではなくて、大真面目《おおまじめ》な実験だ。

事前《じぜん》の予想《よそう》では、大半《たいはん》の参加者たちは途中《とちゅう》で実験をやめるだろうと思われていた。ところが電圧《でんあつ》を少しずつ上《あ》げるように命《めい》じられた参加者の多くは、学生の「死んでしまう」とか「やめてください」などの悲鳴《ひめい》や絶叫《ぜっきょう》を聞きながら、電圧を上げるスイッチを押し続けた。もちろん中には、「これ以上《いじょう》はできない」とスイッチから手を離《はな》す人もいたが、隣《となり》に座《すわ》る教授《きょうじゅ》から、「万が一のことが起きてもあなたに責任を取らせない」とか「これは重要《じゅうよう》な実験なのです」などと説得《せっとく》されて、その多くはまたスイッチに手を伸《の》ばしている。

最終的《さいしゅうてき》には、被験者《ひけんしゃ》四〇人中二五人が、最大《さいだい》の電圧である四五〇ボルト（心臓《しんぞう》が停止《ていし》する可能性《かのうせい》がある数値《すうち》で、そのことは事前《じぜん》に説明《せつめい》されていた）まで、電圧を上げ続けた。

続いて声だけではなく、実際に目の前で学生がもがき苦しむ姿《すがた》を見せながらの実験も行《おこな》われ、このときには四〇人中一六人が、四五〇ボルトまでスイッチを回し続けた。学生が目の前でぐったりと動かなくなっても、彼らはスイッチから手を離すことをしなかった。

この実験で明らかになったことは、多くの人は特殊《とくしゅ》で閉鎖的《へいさてき》な環境《かんきょう》に置《お》かれたとき、たとえそれが自分の良心に背《そむ》くような内容であったとしても、権威者《けんいしゃ》（ミルグラム実験の場合は大学教授）やその場のリーダーの指示《しじ》や命令《めいれい》に従ってしまうということだ。

ミルグラム実験は、第二次世界大戦時にナチスがあれほど多くのユダヤ人を虐殺《ぎゃくさつ》できた理由《りゆう》を検証《けんしょう》する実験でもあった。だからナチスの高官《こうかん》でホロコーストの責任者《せきにんしゃ》の一人でもあるアドルフ・アイヒマンの名を取って、『アイヒマン・テスト』と呼ばれることもある。

もがき苦しむ学生たちの様子《ようす》を見ながら電圧のスイッチを押し続けたアメリカの一般市民《いっぱんしみん》の姿《すがた》は、ガス室《しつ》で多くのユダヤ人を殺《ころ》したナチスドイツの兵士《へいし》たちと重《かさ》なることに、きっとあなたも気づくはずだ。実際《じっさい》のアドルフ・アイヒマンも、凶暴《きょうぼう》で残虐《ざんぎゃく》というイメージとはまったく違《ちが》い、気弱《きよわ》で実直《じっちょく》そうな、企業の中間管理職《ちゅうかんかんりしょく》のようなタイプだったという。

この実験《じっけん》には続きがある。二〇一〇年、今度はフランスのテレビ局が、番組を使って同じような実験をした。一般の参加者八〇人を集めて、対戦相手《たいせんあいて》が質問《しつもん》に答えられなかったら、罰《ばつ》として身体《からだ》に電流を流す新形式《しんけいしき》のクイズ番組の収録《しゅうろく》だと説明した。もちろんその対戦相手は、（ミルグラム実験と同じように）苦しむ演技《えんぎ》をすることになっていた。

番組の収録は始まった。参加者の多くは、司会者《しかいしゃ》や観客《かんきゃく》たちの「処罰《しょばつ》せよ！」との声に従《したが》って、電圧《でんあつ》のレバーを押し続けた。途中《とちゅう》でやめた人は、八〇人中一六人しかいなかった。何と八〇％の人たちが、相手が死ぬかもしれないと何《なん》となく思いながらも、最高値《さいこうち》の四五〇ボルトまでスイッチから手を離《はな》そうとはしなかった。

この実験の様子《ようす》は、ドキュメンタリーとしてフランスの公共放送局《こうきょうほうそうきょく》で放送され、大きな話題《わだい》になった。テレビという装置《そうち》を使えば、ミルグラム実験よりもっと多くの人たちが、残虐《ざんぎゃく》な行為《こうい》をやれることが明らかになったからだ。

つまり、ナチスドイツという組織《そしき》が特別《とくべつ》なのではない。人が集まったときに必ず発生《はっせい》する同調圧力《どうちょうあつりょく》だ。だから考えなくては。悩《なや》まなくては。なぜこうしたことが起きるのか。なぜ人は数が増《ふ》えると間違《まちが》えるのか。

かつて樹上《じゅじょう》で生活していた人類の先祖《せんぞ》は、群《む》れることをほとんどしなかった。でも樹上から地上に降《お》りてから、人類の先祖は群れ始めた。なぜなら地上には天敵《てんてき》がたくさんいたからだ。一人では天敵に襲われて簡単《かんたん》に食べられてしまうけれど、多くの仲間たちと一緒《いっしょ》にいれば、交代《こうたい》で見張《みは》りもできる。一人ならかなわない相手でも、おおぜいが一緒ならやり返すこともできるし、大きな獲物《えもの》を狩《か》ることもできる。

こうして人類は、おおぜいの仲間と一緒に群れることが本能《ほんのう》になった。つまり組織の原型《げんけい》だ。

群れる動物は、人類以外にもたくさんいる。イワシやメダカ。サンマやアジ。

カモにスズメにハトにヒヨドリ。カモシカやトナカイやヒツジ。これらの動物に共通していることは、一匹《いっぴき》一匹は弱くて、いつも天敵の存在に脅《おび》えていることだ。彼らを補食《ほしょく》するフクロウやワシやサメやウツボやトラは群れない。なぜなら強いからだ。群れる意味がない。

群れる動物には、いくつかの特徴がある。誰かが急に動くと、他のみんなもその動きに従うということだ。例えば魚の群れは、まるで全体が一つの生きもののように行動する。鳥の群れもそうだね。バッファローやカモシカは、時おり大暴《だいぼう》走《そう》を始める。

群れが集団で動くとき、一つひとつの個体《こたい》は、その目的や理由をあまり考えなくなる。なぜなら悩《なや》んだり考え込んだりしていては足が止まる。多くの仲間と一緒に動かないと、自分が天敵《てんてき》に食べられてしまうからだ。

こうして気がついたとき、人は「なぜ」とか「どうして」とか「何のために」などを考えなくなってしまう。目的地はわからないけれど、周囲《しゅうい》のみんなが同じ方向に動いているのだから、自分も歩調《ほちょう》を合わせれば大丈夫なのだと思ってしまう。「何か変だな」とか「これはおかしいよ」と少しだけ思っても、言葉にはしなくなる。

つまり、ルドルフ・ヘスが言った「一つの歯車《はぐるま》」になってしまう。

群れの最小単位《さいしょうたんい》は家族だ。その家族がたくさん集まって町になる。町が集まって市ができて、市が集まって県になる。その県が集まったのが日本だ。たくさんの群れで作られた巨大な群れ。だから時おり暴走《ぼうそう》したくなる。

小さな群れは他にもたくさんある。例えば学校。例えば少年サッカーのチーム。例えば生徒会。例えば料理教室。例えば町内会。

そして会社。

大人たちの多くは、○○株式会社《かぶしきがいしゃ》とか××有限会社《ゆうげんがいしゃ》などと、それぞれの名前を持つ群れ（会社）の一員だ。八百屋《やおや》さんとか床屋《とこや》さんとか酒屋さんとかは会社組織ではないけれど、ほとんどは商店街や同業者の組合《くみあい》に入っている。NPO*とか市役所とか消防署なども、会社ではないけれど、組織（群れ）であることは変わらない。

大人たちがなぜ群れの中にいるかといえば、仕事をしなくてはならないからだ。もちろん世の中には、組織に入っていない人もいる。本を書いたり映画を撮《と》ったりすることを仕事にした僕は、会社や組合などには入っていない。でもやっぱり、仕事は一人ではできない。絶対《ぜったい》に誰《だれ》かと繫《つな》がりはある。この本だってそうだよ。出版社の編集担当者《へんしゅうたんとうしゃ》や宣伝担当者《せんでんたんとうしゃ》に、字の間違《まちが》いを探《さが》してくれる校閲《こうえつ》さん、本の装丁《そうてい》をデザインしてくれる装丁家《そうていか》に、印刷所《いんさつじょ》の職人《しょくにん》さんたちとか、多くの人が分《ぶん》業《ぎょう》で、この本をつくりあげてくれた。無人島《むじんとう》での自給自足生活《じきゅうじそくせいかつ》は別にして、繫がりがなければ仕事はできない。

そこで大人たちは働く。あなたのお父さんも、もしかしたらお母さんも、誰かとの繫がりのなかで働いているはずだ。もちろん働く最大の目的は、それによっ

＊NPO　利益目的ではなく社会貢献をめざす政府の以外の組織。医療・福祉・国際協力・環境保全・まちづくりなどさまざまな分野の組織がある。非営利組織。

て得《え》たお金で家族を養《やしな》うためだ。

でもそれだけじゃない。人は群れる生きものだ。つまり社会性を求める。わかりやすく言えば繋《つな》がり。これがまったくなければ生きてゆけない。仮《かり》に生きることはできるとしても、きっと相当《そうとう》に辛《つら》くて味気《あじけ》ない人生だ。だって生きる意味がわからなくなる。

もちろん人との繋がりだけが、生きる意味とは断言《だんげん》できない。きっと他《ほか》にもあるのだろうとは思う。でももう一度書くけれど、人は「群れる動物」として進化《しんか》してしまった。繋がらないと不安なのだ。今さら元には戻《もど》れない。

「便利」という落とし穴

マンモスは知っているよね。まさしく人類が群れることを覚《おぼ》えた時代に生きていたゾウの祖先《そせん》。そのいちばんの特徴は、毛むくじゃらの身体と巨大な牙《きば》だ。代表的なマンモスの仲間たちは、寒《さむ》い地域《ちいき》に住んでいた。だから毛むくじゃらになったのだろう。ならば、牙がこれほどに大きくなった理由は何だろう。敵《てき》と闘《たたか》うため？　それとも餌《えさ》になる樹皮《じゅひ》を剥《は》いだり草の根を掘《ほ》り起こすため？

実《じつ》のところマンモスの牙は、何に使われたか、よくわかっていない。だって敵と闘おうにも、長く伸びすぎた牙の先端《せんたん》は内側《うちがわ》に丸《まる》まってしまっているから、どう考えても、武器《ぶき》としては有効《ゆうこう》ではない。樹皮を剥いだり土を掘り起こしたりするときにも、丸まってしまったあの形では、やっぱりほとんど役《やく》に立たなかっただろう。

地上に降《お》りてきた人類の祖先《そせん》が直立歩行《ちょくりつほこう》をするようになったことが示《しめ》すように、あるいは同じ鳥のくちばしが食べるものによって少しずつ形が変わったように、生きものの進化は、環境に適応《てきおう》する形で現れる。

ところがその進化の方向が、一方向に固定されて止まらなくなってしまうことが、時おりある。これを過剰《かじょう》（定向《ていこう》）

進化という。どうやらマンモスの牙《きば》は、この過剰進化《かじょうしんか》の例《れい》らしい。意味なく巨大化し続けたのだ。他には、サーベルタイガーのとてつもなく大きい牙なども、その一つだろうと考えられている。

マンモスやサーベルタイガーのように今は滅《ほろ》びてしまった生きものだけではない。その実例《じつれい》は今もある。南米《なんべい》に生《せい》息《そく》するツノゼミの仲間は、背中《せなか》や頭部《とうぶ》に、身体《からだ》とほぼ同じくらい大きさで不格好《ぶかっこう》なツノをつけている。

このツノも、やっぱり、ここまで大きくならなければならない理由がよくわからない。どう考えても役《やく》に立っていないどころか、歩くときや翔《と》ぶときには、明らかに妨《さまた》げとなっている。

利便性《りべんせい》や快適《かいてき》さを求《もと》める人の進化も、もしかしたら過剰進化の例かもしれない。

いつからか止まらなくなっていた。前へ前へと進むばかりだ。でもその方向が本当に「前」なのかどうか、実《じつ》は誰《だれ》にもわからない。集団で動くとき、方向を気にする人は誰もいなくなる。

働いてお金を得《え》る。とても大切なことだ。お父さんやお母さんが働いて得たお金で、あなたはここまで成長することができた。新しいテレビやゲーム機《き》も買えた。冬は凍《こご》えなくてもいいし、休みの日には遊園地《ゆうえんち》に行くこともできる。

でも利便性や快適さばかりを求めてきた結果《けっか》、現代《げんだい》の労働《ろうどう》の多くは、環境を破《は》壊《かい》したり人間の健康《けんこう》にとって害《がい》になるものを生産したりすることに、深《ふか》く結《むす》びついてしまったのかもしれない。

その一つの理由は、電気を生活に使う時代と並行《へいこう》して、世界の人口が爆発的《ばくはつてき》に増《ふ》えたからだ。日本が高度経済成長期《こうどけいざいせいちょうき》を迎《むか》えようとしていた一九五〇年当時の世界人口は二三億《おく》人だったのに、今は七〇億人を突破《とっぱ》しようとしている。だから人は、仕事として森林を伐採《ばっさい》する。海の魚を大量に捕《と》る。土地を増やすために川や湖を埋《う》め、工場の廃液《はいえき》を大量に海に流し、空気を汚《よご》す。農作物《のうさくもつ》を増《ふ》やすために農《のう》薬《やく》を撒《ま》き、遺伝子《いでんし》を組み換《か》え、食べるための牛や豚《ぶた》や鶏《にわとり》を大量に飼育《しいく》し、多くの虫や動物が絶滅《ぜつめつ》した。

もっとあとになってから、自分はなぜあんな仕事をしていたのだろうとか、なぜあんな会社が成長してしまったのだろうと、後悔《こうかい》したり首をひねったりする可《か》能性《のうせい》はとても高い。でも止まらない。先のことよりも今のこと。危険な放射性廃《ほうしゃせいはい》棄物《きぶつ》を地下深くに埋めるとき、未来の人たちがどのようなことになるかを誰《だれ》も考えない。今の利便性《りべんせい》や快適《かいてき》さばかりを追い求める。

その結果として、取り返しのつかない事態《じたい》が起きる。こんなに狭《せま》くて地震《じしん》プレートの真上《まうえ》に位置している国だというのに、いつのまにか五四基も原発が建設《けんせつ》されていた。本当ならばもっと早い段階《だんかい》で、「いくらなんでも多すぎる」と誰かが言うべきだった。「万が一の事態が起きたら大変なことになる」と考えるべきだった。

でもほとんどの人は、電気を使って今よりももっと豊《ゆた》かで便利《べんり》な生活を送るために、原子力発電は当然《とうぜん》なのだと思っていた。不安《ふあん》を何となく感じてはいたけれど、多くの人が何も言わないのだからと、深くは考えないようにしてきた。

ここには、もう一つの過剰進化《かじょうしんか》が隠《かく》されている。「群《む》れたい」という本能《はんのう》だ。

「空気を読む」ことの危険性

群れはその結束《けっそく》が強くなればなるほど、全体とは違《ちが》う動きをすることを許《ゆる》さない雰囲気《ふんいき》が強くなる。あなたも覚《おぼ》えがあるよね。例《たと》えばクラス全体が一つの目的に向かって頑張《がんば》っているとき、その流《なが》れに水を差《さ》すような発言《はつげん》がしづらくなる。あるいは、答えはわかっているのだけど、誰も手をあげないから自分も手をあげなかったという体験《たいけん》は、きっとあなたにもあるはずだ。

「ちょっと変だな」とか「何かがおかしいぞ」と内心《ないしん》では思っていても、みんながその方向に向かうのなら、一緒《いっしょ》に行こうと考える。だってもしもみんなと歩調《ほちょう》を合わせなかったら、「あいつは空気をよまない」などと言われて、仲間外《なかまはず》れにされるかもしれない。いじめの標的になることも考えられる。

実《じつ》のところ大人の社会も、あなたたちの社会と、こういうところはあまり変わらない。仲間はずれは怖《こわ》い。繋《つな》がっていたいのだ。だからできるだけ、多くの人たちと同じ動きをしたくなる。

鳥の群《む》れでも魚の群れでも、もしも全体と同じ動きをしない一羽や一匹がいたとしたら、近づいてきた天敵《てんてき》にたちまち食べられてしまうだろう。それだけではない。そこから群れの動きに乱《みだ》れが出て、他《ほか》にも犠牲者《ぎせいしゃ》が出てしまうかもしれない。

人間にはもう天敵はいない。身体《からだ》はとてもひ弱《よわ》だけど、直立歩行《ちょくりつほこう》をすることで二本の手が自由に使えるようになり、道具《どうぐ》を作り、火薬《かやく》を発明《はつめい》して武器《ぶき》を作り、気がついたら地球上で最強の生きものになっていた。

でも身体は弱いままだ。昔よりさらに弱くなっている。もしも今、裸《はだか》でチンパンジーのオスと喧嘩《けんか》しろと言われたら、確実《かくじつ》に僕は負ける。格闘技《かくとうぎ》のチャンピオンといわれているアリスター・オーフレイムとタッグを組んだとしても、おそらく歯《は》が立たない。便利《べんり》で文明的《ぶんめいてき》な生活と引き換《か》えに、人類は鋭《するど》い爪《つめ》や牙《きば》を失《うしな》った。腕力《わんりょく》もないし足も遅《おそ》い。

もちろん、人間にその自覚《じかく》はある。自分が弱いことを知っている。だから不安《ふあん》や恐怖《きょうふ》が強い。一人になることは怖い。こうして群《む》れたいという気持ちは、ますます強くなった。

会社を定年《ていねん》で辞《や》めたあと、毎日何をすればよいのかわからなくなって、悩《なや》む人が増《ふ》えている。会社にいるあいだは、会社という群れの中で生きる意味を実感《じっかん》することができていた。ところが会社という群れから離《はな》れてしまった瞬間《しゅんかん》に、生きる意味がわからなくなる。特に日本人に、そんなタイプは多いという。

日本人はチームプレイが得意であると言われている。オリンピックのメダルも、個人競技《こじんきょうぎ》よりはチーム競技のほうがはるかに多い。つまり群れ（団体行動）と相性《あいしょう》がいい。人類はもともと群れることが本能《ほんのう》になっているけれど、特に日本人はその傾向《けいこう》が強いのだろう。

だから日本の会社も強い。つまり経済《けいざい》だ。

一九五〇年代に始まった高度経済成長期《こうどけいざいせいちょうき》、日本人は世界の人びとから「エコノミック・アニマル」と言われていた。これを訳《やく》すと経済（エコノミック）動物（アニマル）だ。ずいぶんな言われようだ。何も「動物」はないじゃないかと反論《はんろん》したくなる。おそらくは妬《ねた》みも含《ふく》まれているのだろう。

それほどに日本の経済成長はすさまじかった。だって戦争で負けて原爆を二つも落とされて、東京などの大都市の多くは焼き尽《つ》くされたのに、戦後たった十数年で、GNP＊（国民総生産《こくみんそうせいさん》）はアメリカに次《つ》いで世界第二位になったのだ。

世界の人びとは、これを「奇跡《きせき》」と呼《よ》んだ。確《たし》かに奇跡的な復興《ふっこう》だったと僕も

＊GNP　労働等を通じ国内でつくり出した価値の合計で、外国国籍の人の労働も含まれる。

思う。その原動力《げんどうりょく》になったのは、我慢強《がまんづよ》さとか勤勉《きんべん》さとかいろいろあるだろうけれど、最も大きいのは「日本の集団力《しゅうだんりょく》」だ。

日本人は集団化しやすい。分業《ぶんぎょう》が好《す》きだ。集団の中で役割《やくわり》を与《あた》えられたとき、個人では出せなかった力を、充分《じゅうぶん》に発揮《はっき》する場合《ばあい》が多い。つまり、会社に向《む》いている人がたくさんいた。だから日本の会社は、とても急激《きゅうげき》に成長した。海外の会社との競争に勝ち続けた。

こうして日本は経済大国《けいざいたいこく》になった。その背景《はいけい》には、朝早くから夜遅《おそ》くまで働き続けた多くのお父さんやお母さんの努力《どりょく》があった。それを忘れてはいけない。世代としては、僕のお父さんやお母さん。つまり、あなたたちのおじいさんやおばあさんの世代だ。

彼らは「企業戦士《きぎょうせんし》」と呼《よ》ばれていた。つまり企業の兵隊《へいたい》。

そして第二次世界大戦時、日本の兵士たちは「皇軍兵士《こうぐんへいし》」*と呼ばれていた。つまり天皇《てんのう》を頂点《ちょうてん》とする大日本帝国《だいにほんていこく》の兵隊だ。

＊皇軍　旧日本軍の別称。天皇が統率する軍隊なので、「皇軍」といわれた。

企業戦士《きぎょうせんし》と皇軍兵士《こうぐんへいし》。目的や形態《けいたい》は違《ちが》うけれど、結局《けっきょく》のところ中身《なかみ》はほとんど変わっていないと僕は思う。全体の中の一部。滅私奉公《めっしほうこう》（私を捨《す》てて全体のために尽《つ》くす）。歯車《はぐるま》のひとつ。群《む》れの名前が変わっただけという見方《みかた》もできる。

だからこそ日本は、これほどに発展《はってん》した。誰《だれ》もが必死《ひっし》に働いて、経済的な成功を手にすることができた。

原発が初めて日本に導入《どうにゅう》されたのは、まさしくこんな時期だった。新しいエネルギーは発展する日本経済の象徴《しょうちょう》であり、輝《かがや》かしい未来のイメージと重《かさ》なった。

そしてこの時期に、熊本《くまもと》県の水俣《みなまた》にあったチッソ水俣工場が、メチル水銀《すいぎん》を含《ふく》む大量の工場廃液《はいえき》を、海に流し始めていた。この水銀に汚染《おせん》された微生物《びせいぶつ》を食べ続けた小魚《こざかな》は体内に高い濃度《のうど》の水銀を溜《た》め込《こ》み、その小魚を食べ続けた大きな魚はさらに高い濃度の水銀を体内に溜め込み、その大きな魚を食べ続けたもっと大きな魚は、もっと高い濃度の水銀を体内に溜め込み、その魚を捕《と》って食べた人間の多くは、水銀中毒《ちゅうどく》で苦しみながら、理由《りゆう》や原因《げんいん》もわからないままに死んでいった。

ところが最初に患者《かんじゃ》が認定《にんてい》されてから、チッソがメチル水銀の垂《た》れ流しをやめるまでには、十一年の時間が必要だった。国もチッソも、工場廃液《はいえき》が水俣病《みなまた》の原因であると、決《けっ》して認《みと》めようとはしなかったからだ。原因がメチル水銀と判明《はんめい》するまでには、例《たと》えば魚が腐《くさ》るときに発生《はっせい》するアミンという猛毒物質《もうどくぶっしつ》が原因だとか、旧海軍《きゅうかいぐん》が海に投棄《とうき》した爆薬《ばくやく》の成分《せいぶん》が海に溶《と》けだしたのだとか、そんなトンデモ論《ろん》を唱《とな》える学者や研究者たちがいたことも、原因の究明《きゅうめい》が遅《おく》れた理由《りゆう》の一つだった。

この十一年のあいだには、水俣の人たちが、他の地域《ちいき》の人たちから差別《さべつ》されるということも起きていた。

ゆうだい君が問いかけたこと

……ここまでを読みながら、何かに似《に》ていると思わない？　そう。まさしく福島第一原発をめぐる今の状況だ。

これは前にも書いたけれど、水俣病《みなまたびょう》の原因《げんいん》となったメチル水銀《すいぎん》は、プラスティックの素材《そざい》を作る過程《かてい》で発生《はっせい》する。戦後《せんご》が終わってやっと生活が豊《ゆた》かになり始めていたこの時代、プラスティックはあらゆる商品に使われて、消費経済《しょうひけいざい》を支《ささ》える夢《ゆめ》の素材だった。誰《だれ》もがプラスティックを使っていた。誰もがプラスティックの商品を持っていた。日本という国の未来や繁栄《はんえい》を約束《やくそく》する、重要《じゅうよう》な素材だった。

だからチッソは、「国策企業《こくさくきぎょう》」とも呼《よ》ばれていた。一企業でありながら、国家の重大な一部でもあるという考え方だ。

やっぱり東電に、とてもよく似ている。結果としてチッソは多くの人を苦しめ、多くの人を殺し、そしてその責任を負《お》いきれなくなり、国家と一体になりながら被害者《ひがいしゃ》たちと裁判《さいばん》で争《あらそ》い続けた。

現状において東電は、まだそこまでの事態《じたい》には陥《おちい》っていない。でもこれから、それ以上の事態に陥る可能性《かのうせい》は充分《じゅうぶん》にある。

ここでもう一度、ゆうだい君の手紙の内容に戻《もど》ろう。特に今回は、じっくりと噛《か》みしめながら読んでほしい。

突然《とつぜん》ですが、僕《ぼく》のお父《とう》さんは東電《とうでん》の社員《しゃいん》です。

3月27日の日曜日《にちようび》の毎日小学生新聞《まいにちしょうがくせいしんぶん》の1面《めん》に、「東電は人々《ひとびと》のことを考《かんが》えているか」という見出《みだ》しがありました。(元毎日新聞論説委員《もとまいにちしんぶんろんせついいん》の)北村龍行《きたむらりゅうこう》さんの「NEWS《ニュース》の窓《まど》」です。読《よ》んでみて、無責任《むせきにん》だ、と思《おも》いました。みなさんの中《なか》には、「言《い》っている通《とお》りじゃないか。どこが無責任だ」と思う人《ひと》はいると思います。

たしかに、ほとんどは真実《しんじつ》です。ですが、最後《さいご》の方《ほう》に、「危険《きけん》もある原子《げんし》力発電《よくはつでん》や、生活《せいかつ》に欠《か》かせない電気《でんき》の供給《きょうきゅう》をまかせていたことが、本当はとても危険なことだったのかもしれない」と書《か》いてありました。そこが、無責任なのです。

原子力発電所《げんしりょくはつでんしょ》を造《つく》ったのは誰《だれ》でしょうか。もちろん、東京電力《とうきょうでんりょく》です。では、原子力発電所を造るきっかけをつくったのは誰でしょう。それは、日本人《にっぽんじん》、いや、世界中《せかいじゅう》の人々《ひとびと》です。その中には、僕も、あなたも、北村龍行さんも入っています。

なぜ、そう言えるのかというと、こう考《かんが》えたからです。

発電所を増《ふ》やさなければならないのは、日本人が、夜遅《よるおそ》くまでスーパーを開《あ》けたり、ゲームをしたり、無駄《むだ》に電気を使《つか》ったからです。

さらに、発電所の中でも、原子力発電所を造らなければならなかったのは、地球温暖化《ちきゅうおんだんか》を防《ふせ》ぐためです。火力《かりょく》では二酸化炭素《にさんかたんそ》がでます。水力《すいりょく》では、ダムを造らなければならず、村《むら》が沈《しず》んだりします。その点《てん》、原子力なら燃料《ねんりょう》も安《あん》定《てい》して手《て》に入《はい》るし、二酸化炭素もでません。そこで、原子力発電所を造《つく》ったわけですが、その地球温暖化を進めたのは世界中の人々です。

そう考《かんが》えていくと、原子力発電所を造ったのは、東電《とうでん》も含《ふく》み、みんなであると言え、また、あの記事《きじ》が無責任であるとも言えます。さらに、あの記事だけでなく、みんなも無責任であるのです。

僕は、東電を過保護《かほご》しすぎるかもしれません。なので、こういう事態《じたい》こそ、みんなで話《はな》し合《あ》ってきめるべきなのです。そうすれば、なにかいい案《あん》が生《う》まれてくるはずです。

あえてもう一度《いちど》書《か》きます。ぼくは、みんなで話し合うことが大切《たいせつ》だ、と言いたいのです。そして、みんなでこの津波《つなみ》を乗《の》りこえていきましょう。

二度目に読んだゆうだい君の手紙の印象《いんしょう》は、最初《さいしょ》に読んだときとは変わっただろうか。あるいは変わらないだろうか。

ゆうだい君は、東電だけを悪者《わるもの》にしないでくれと訴《うった》えている。日本に暮らすみんなにだって責任があるのにそれを取っていないじゃないかと訴えている。

ならば今度は、（元毎日新聞論説《ろんせつ》委員の）北村龍行《きたむらりゅうこう》さんが書いた記事《きじ》の後半を、もう一度よく読み返してほしい。

それなのに東京電力は、その後《ご》も計画停電《けいかくていでん》の内容《ないよう》を変《か》えたり、福島第1原子力発電所の事故《じこ》をおさめることに失敗《しっぱい》し続けている。

東京電力は、たった1社で関東地方を中心にした地域《ちいき》に電気《でんき》を供給《きょうきゅう》している。地域独占《ちいきどくせん》で、競争《きょうそう》がない。

鉄道会社のようにお客《きゃく》さんの命《いのち》を預《あず》かっているわけでもないし、お客さんから直接《ちょくせつ》、文句《もんく》を言われることもない。経営《けいえい》は安定《あんてい》している。そのためか、危険《きけん》が生《う》まれた時《とき》に、どうすればいいのかという訓練《くんれん》を受《う》けていない。

そんな会社に、危険もある原子力発電や、生活《せいかつ》に欠《か》かせない電気の供給《きょうきゅう》をまかせていたことが、本当《ほんとう》はとても危険《きけん》なことだったのかもしれない。

毎日小学生新聞「ニュースの窓《まど》」二〇一一年三月二十七日

「生活に欠かせない電気の供給をまかせていた」のは誰《だれ》だろう。まかされていたのは東電だ。そしてまかせていたのはこの社会だ。つまり僕たちすべて。

つまり北村さんは、「危険《きけん》が生まれたときに、どうすればいいのかという訓練《くんれん》を受けていない」東電に、とても危険で取り返しのつかない事態《じたい》になる原子力発電の建設《けんせつ》や運営《うんえい》をまかせきってしまっていたこの社会について、「本当はとても危険なことだったのかもしれない」と書いている。決して「東電だけに責任がある」とか、「この社会には責任がない」などと主張《しゅちょう》しているわけではない。つまり、ゆうだい君の訴《うった》えは、北村さんとほぼ変わらない。むしろ「原子力発電所を造《つく》るきっかけをつくったのは誰《だれ》でしょう。それは、日本人、いや、世界中の人々です。その中には、僕も、あなたも、北村龍行《きたむらりゅうこう》さんも入っています」「原子力発電所を造ったのは、東電も含み、みんなであると言え」と訴えるゆうだい君と、まったく同じことを北村さんは書いている。

社会と会社。字の順番が違《ちが》うだけ。同じことはどちらも群《む》れであること。

散歩中《さんぽちゅう》の犬が、通行人を咬《か》んで怪我《けが》をさせた。まずは犬が悪《わる》い。でももし、その犬が人を咬む癖《くせ》があることを知りながら散歩させていたのなら、飼《か》い主《ぬし》だって悪い。考え方によっては、犬よりも飼い主のほうが、責任としては重い。

ただし東電は犬じゃない。管理《かんり》や運営《うんえい》をまかされていた。専門家《せんもんか》も数多くいた。もっと考えるべきだった。もっと情報を公開するべきだった。その責任は大きい。

チッソは十一年間も廃液《はいえき》を流し続けて、被害《ひがい》をさらに大きくした。自分たちが責任を取りたくなかったからだ。当時の政府もこれを応援《おうえん》した。やっぱり責任をとりたくなかったからだ。

そんな過《あやま》ちは二度と繰《く》り返してはならない。東電の社員たち一人ひとりを責《せ》めるべきではないし、ゆうだい君のお父さんも責められるべきではない。だって一人ひとりは、一生懸命《いっしょうけんめい》に働いていた。

でも東電は、責任を負《お》うべきだ。まかされていたのだから。

そして僕たちの社会も、やっぱり責任も負わなくてはならない。まかせていたのだから。

何のために働くのか

もう一度考えてほしい。原発は何のために存在《そんざい》するのか。電気をつくるためだ。なぜ電気が必要なのか。みんなが利用《りよう》するからだ。テレビにゲーム、冷蔵庫《れいぞうこ》にエアコン、農業《のうぎょう》や漁業《ぎょぎょう》、食品《しょくひん》や車や日用品《にちようひん》の製造《せいぞう》。

ありとあらゆるものに電気は使われている。それは確《たし》か。一部の人たちがこっそりと使っていたわけではない。今こうして原稿《げんこう》を書きながらも、僕のパソコンは電力を消費《しょうひ》している。机の上のスタンドやキッチンの冷蔵庫も、電力を消費している。

原発を造《つく》って管理《かんり》していた東電の責任は大きい。その東電や原子力発電行政を管理《かんり》しなければならない原子力安全《げんしりょくあんぜん》・保安院《ほあんいん》や経済産業省《けいざいさんぎょうしょう》の責任も大きい。原発設置《せっち》を最初に計画して、その後も五四基もの原発を日本列島に建設し続けた自民《じみん》党《とう》の責任も重い。もちろん現政権与党《げんせいけんよとう》としての民主党《みんしゅとう》だって責任がある。いろいろな大学で原子力発電や放射能《ほうしゃのう》の研究をしてきた学者たちの責任もある。できるかぎり正しい情報を取材《しゅざい》して僕たちに伝えねばならなかったメディアの責任もとても大きい。

そして知るべきことを知ろうとしてこなかった（だって五四基の原発が建設されたことや、日本には地震《じしん》が多いことなど、別に隠《かく》されてはいなかったのだから）僕たちの責任も重い。

責任とは、罰《ばつ》を受けることだけではない。なかったことにすることでもない。そんなことは不可能《ふかのう》だ。

本当の責任とは、同じ過《あやま》ちを繰《く》り返さないようにすること。原因《げんいん》や理由《りゆう》を必死《ひっし》に考えること。そして原因や理由がわかったら、これを修正《しゅうせい》しようと声をあげること。

原発問題だけではない。同じような問題はきっと他にもあるはずだ。もしも「何か変だな」とか「大丈夫だろうか」と思ったら、リーダーや多くの人の意見とは違《ちが》っても、「何か変だよ」と発言《はつげん》すること。いきなりは難《むずか》しいかもしれないけれど、少しずつでもいいから声をあげること。

最後にもう一度書くよ。本当にごめんなさい。今のこの事態《じたい》は、言うべきことを言わなかった僕たち大人世代《せだい》の責任だ。

だからお願《ねが》い。二度とこんな過《あやま》ちは起《お》こさないでほしい。今回の事態を教訓《きょうくん》にして（実《じつ》はまだまったく終息《しゅうそく》できていないけれど）、地球のため、未来に生きる人たちのため、人類以外《いがい》の命のため、最も良い方法を考えて、そして実践《じっせん》してほしい。

もしかしたら、「自分たちにできなかったことを押《お》しつけるなよ」と思われるかな。ならばこう言おう。
だからこそできる。だってあなたたちは、僕たちの過ちを知っているのだから。

出版《しゅっぱん》に際《さい》して

その手紙《てがみ》が、毎日小学生新聞《まいにちしょうがくせいしんぶん》（毎小《まいしょう》）の編集部《へんしゅうぶ》に届いたのは、二〇一一年三月十一日に起《お》きた東日本大震災《ひがしにほんだいしんさい》の発生《はっせい》から、三週間《しゅうかん》が過《す》ぎようとしていたころのことでした。

編集部《へんしゅうぶ》では、震災《しんさい》の発生以来《はっせいいらい》、全国《ぜんこく》の子《こ》どもたちに「被災地《ひさいち》への手紙《てがみ》」を呼《よ》びかけ、連日《れんじつ》、たくさんの封書《ふうしょ》やはがきが届《とど》いていました。その多《おお》くが、未曾有《みぞう》の地震《じしん》と大津波《おおつなみ》で肉親《にくしん》や家《いえ》を失《うしな》った子《こ》どもたちへの励《はげ》ましでした。宮城県《みやぎけん》や岩手県《いわてけん》の沿岸部《えんがんぶ》ではまだ、一縷《いちる》の望《のぞ》みを残《のこ》しながら、懸命《けんめい》の捜索《そうさ》が続《つづ》いていた時期《じき》でした。

一方《いっぽう》で、日《ひ》に日《ひ》に深刻《しんこく》な状況《じょうきょう》が判明《はんめい》していたのが、東京電力福島第一原子力《とうきょうでんりょくふくしまだいいちげんしりょく》発電所《はつでんしょ》の事故《じこ》です。地震《じしん》によって電気系統《でんきけいとう》が故障《こしょう》し、冷却機能《れいきゃくきのう》を失《うしな》った原子炉《げんしろ》はメルトダウン状態《じょうたい》となり、放射性物質《ほうしゃせいぶっしつ》の放出《ほうしゅつ》に手《て》が付《つ》けられない状態《じょうたい》になっていました。「シーベルト」や「ベクレル」といった、これまで聞《き》きなれない言葉《ことば》が新聞紙上《しんぶんしじょう》をにぎわすようになったのも、このころからです。

当然《とうぜん》の声《こえ》として、直接《ちょくせつ》の責任者《せきにんしゃ》である東京電力《とうきょうでんりょく》（東電《とうでん》）に対《たい》する批判《ひはん》は高《たか》まっていきました。独占企業《どくせんきぎょう》ならではの、保守的《ほしゅてき》で官僚的《かんりょうてき》で、ややもすれば隠《いん》ぺい体《たい》質面《しつめん》も見《み》え隠《かく》れするような対応《たいおう》に、国民《こくみん》の不信感《ふしんかん》が広《ひろ》がりだしていました。

「ニュースを教材《きょうざい》に」をモットーとしている小学生新聞《しょうがくせいしんぶん》でも、原発事故《げんぱつじこ》の経緯《けいい》とともに、被害《ひがい》を最小限《さいしょうげん》に食《く》い止《と》めるために政府《せいふ》や東電《とうでん》が取《と》り組《く》まなければならないことを、さまざまな角度《かくど》から伝《つた》えていきました。毎日新聞社《まいにちしんぶんしゃ》の元論説《もとろんせつ》委員《いいん》、北《きた》村龍行氏《むらりゅうこうし》も時事《じじ》コラムでこの問題《もんだい》を取《と》り上《あ》げ、東電《とうでん》の無責任《むせきにん》な体質《たいしつ》を指摘《してき》しました。

そのコラムを読《よ》んで、東京都内《とうきょうとない》にすむ小学六年生《しょうがくろくねんせい》「ゆうだい君《くん》」（仮名《かめい》）が意《い》見《けん》を寄《よ》せてくれたのが、この「ゆうだい君《くん》の手紙《てがみ》」特集《とくしゅう》の発端《ほったん》です。普段使《ふだんつか》っているであろう、ごく普通《ふつう》の罫線入《けいせんい》りのノートに鉛筆書《えんぴつが》きで二枚《にまい》にわたって書《か》かれていました。ところどころ書《か》き直《なお》しもあり、ノートの端《はし》はビリッと破《やぶ》られていました。決《けっ》して、時間《じかん》をかけてじっくりと書《か》き込《こ》んだものではないことは、すぐに分《わ》かりました。

「突然《とつぜん》ですが、僕《ぼく》のお父《とう》さんは東電《とうでん》の社員《しゃいん》です……」で始《はじ》まる一連《いちれん》の文書《ぶんしょ》は、小《しょ》学生《うがくせい》とは思《おも》えないほど、論旨も主張もはっきりしていました。何度も読み返し、そのたびに感動《かんどう》したのを思《おも》い出《だ》します。編集部員《へんしゅうぶいん》がゆうだい君《くん》の自宅《じたく》へ向《む》かい、ゆうだい君《くん》やご両親《りょうしん》とお会いしました。北村《きたむら》さんのコラムを読《よ》んで思《おも》うことがあったゆうだい君《くん》は、夕方《ゆうがた》のわずかの時間《じかん》で自分《じぶん》の考《かんが》えをまとめて書《か》き上《あ》げ、そのまま編集部《へんしゅうぶ》に投《とう》かんしたそうです。

東電《とうでん》の社会的責任《しゃかいてきせきにん》が避《さ》けられない段階《だんかい》になるのを見届《みとど》けて、五月十八日の毎小《まいしょう》で手紙《てがみ》の内容《ないよう》を紹介《しょうかい》するとともに、全国《ぜんこく》の子《こ》どもたちに、それぞれの意見《いけん》を募集《ぼしゅう》しました。翌日以降《よくじついこう》、たくさんのお手紙《てがみ》やはがきが編集部《へんしゅうぶ》に届《とど》くようになりました。ゆうだい君《くん》の意見《いけん》に賛成《さんせい》するものから、反対《はんたい》の立場《たちば》、少《すこ》し異《こと》なる視点《してん》での提《てい》案《あん》、自分《じぶん》が取《と》り組《く》む省《しょう》エネ宣言《せんげん》――。子《こ》どもだけでなく、大人《おとな》や教師《きょうし》も一緒《いっしょ》になって、あるいはクラスや学校単位《がっこうたんい》で意見《いけん》をまとめて送《おく》ってくれたところもありました。

今回《こんかい》の問題《もんだい》は、どの意見《いけん》が正解《せいかい》、不正解《ふせいかい》、というものではありません。ゆうだい君《くん》が提案《ていあん》しているように、生活《せいかつ》の中《なか》で電気《でんき》を使《つか》っているすべての人《ひと》に、「みんなが自分《じぶん》のこととして考《かんが》えてほしい問題《もんだい》」なのです。そういう意味《いみ》で、「みんなで話《はな》し合《あ》うことが大切《たいせつ》」というゆうだい君《くん》の訴《うった》えは、多《おお》くの読者《どくしゃ》の投稿《とうこう》によって実現《じつげん》したと言《い》えるのでしょう。

今回《こんかい》、この特集《とくしゅう》に参加《さんか》してくれた子《こ》どもたちの思《おも》いを、「将来《しょうらい》にわたって記録《きろく》として残《のこ》すために、書籍化《しょせきか》したい」とのご提案《ていあん》を（株《かぶ》）現代書館《げんだいしょかん》の菊地泰博社長《きくちやすひろしゃちょう》から受《う》けました。新聞《しんぶん》という、速報《そくほう》には適《てき》していますが、長期的《ちょうきてき》に保存《ほぞん》するには限界《げんかい》もある媒体《ばいたい》としては、うれしい限《かぎ》りです。ここに載《の》せた「ゆうだい君《くん》の手紙《てがみ》」は、発端《ほったん》となった手紙《てがみ》だけでなく、それを読《よ》んで意見《いけん》を寄《よ》せてくれた読者全員《どくしゃぜんいん》の手紙《てがみ》のことでもあります。書籍化《しょせきか》することによって、さらに多くの人《ひと》たちに、ゆうだい君《くん》の問《と》いかけの輪《わ》が広《ひろ》がることを期待《きたい》しています。

出版《しゅっぱん》に当《あ》たって、現代書館《げんだいしょかん》の吉田秀登編集部長《よしだひでとへんしゅうぶちょう》にお世話《せわ》になり、また毎小編集部《まいしょうへんしゅうぶ》の担当《たんとう》、小丸朋恵記者《こまるともえきしゃ》が尽力《じんりょく》してくれました。ここに御礼申《おんれいもう》し上《あ》げます。

二〇一一年八月吉日

毎日小学生新聞《まいにちしょうがくせいしんぶん》　編集長《へんしゅうちょう》　森《もり》　忠彦《ただひこ》

読者の皆様へ

「ゆうだい君の手紙」と本書を読んで友だちや家族と話し合い、今のあなたの考えを手紙に書いてぜひ毎日小学生新聞にお送りください。毎日小学生新聞の紙面で紹介します。

〒100-8051
（住所不要）
毎日小学生新聞
「ゆうだい君の手紙」係

森　達也（もり・たつや）
広島県呉市生まれ。映画監督、作家。ドキュメンタリー映画「A」で国内外で高い評価を受け、続編「A2」で山形国際ドキュメンタリー映画祭特別賞・市民賞受賞。著書に『放送禁止歌』（光文社知恵の森文庫）、『「A」――マスコミが報道しなかったオウムの素顔』『それでもドキュメンタリーは嘘をつく』『職業欄はエスパー』（以上、角川文庫）、『「A」撮影日誌』『A2』『森達也の夜の映画学校』（以上、現代書館）、『世界はもっと豊かだし、人はもっと優しい』（ちくま文庫）、『下山事件』（新潮社）、『いのちの食べかた』『きみが選んだ死刑のスイッチ』（イーストプレス）、『王様は裸だと言った子どもはその後どうなったか』（集英社）、『悪役レスラーは笑う』（岩波新書）、『死刑』（朝日出版社）、『東京スタンピード』（毎日新聞社）、『マジョガリガリ』（FM東京）、『神さまって何？』（河出書房）など多数。
二〇一一年に『A3』（集英社インターナショナル）で第三三回講談社ノンフィクション賞を受賞。

「僕《ぼく》のお父《とう》さんは東電《とうでん》の社員《しゃいん》です」
小中学生《しょうちゅうがくせい》たちの白熱議論《はくねつぎろん》！　3・11と働《はたら》くことの意味《いみ》

二〇一一年十一月三十日　第一版第一刷発行
二〇一二年　二月　一日　第一版第五刷発行

編者　毎日小学生新聞
著者　森　達也
発行者　菊地泰博
発行所　株式会社現代書館
東京都千代田区飯田橋三-二-五
郵便番号　102-0072
電話　03(3221)1321
FAX　03(3262)5906
振替　00120-3-83725
印刷所　平河工業社（本文）
東光印刷所（カバー）
製本所　越後堂製本

校正協力：岩田純子／迎田睦子

Printed in Japan ISBN978-4-7684-5671-2
定価はカバーに表示してあります。乱丁・落丁本はおとりかえいたします。
http://www.gendaishokan.co.jp/